职业院校专业课程改革系列教材

U0749514

工程材料

郭 伟 主编

浙江工商大學出版社
ZHEJIANG GONGSHANG UNIVERSITY PRESS
·杭州·

图书在版编目(CIP)数据

工程材料 / 郭伟主编. —杭州:浙江工商大学出版社,
2020.5

ISBN 978-7-5178-3791-6

Ⅰ.①工… Ⅱ.①郭… Ⅲ.①工程材料 Ⅳ.①TB3

中国版本图书馆 CIP 数据核字(2020)第 050757 号

工程材料
GONGCHENG CAILIAO
郭 伟 主编

责任编辑	厉 勇	
封面设计	雪 青	
责任印制	包建辉	
出版发行	浙江工商大学出版社	
	(杭州市教工路198号 邮政编码310012)	
	(E-mail:zjgsupress@163.com)	
	(网址:http://www.zjgsupress.com)	
	电话:0571-88904980,89931806(传真)	
排 版	杭州朝曦图文设计有限公司	
印 刷	杭州五象印务有限公司	
开 本	787mm×1092mm 1/16	
印 张	10.5	
字 数	210千	
版印次	2020年5月第1版 2020年5月第1次印刷	
书 号	ISBN 978-7-5178-3791-6	
定 价	52.00元	

编委会

主　编　郭　伟

编　者　徐姣琴　秦国林　李　芸
　　　　高水冬　刘　洁　黄丽丽
　　　　王燕萍　范李明

主编简介

　　郭伟,男,中学二级教师,全国工程测量技能竞赛优秀指导教师。曾经从事建筑行业多年,有建造师执业资格证书,后从事职业教育行业,担任建筑专业专任教师。在国家一级期刊《教育现代化》上发表过论文,获得过区级教科研课题一等奖1项,其中"教育信息技术应用于学科融合的研究"被立项为中国智慧教育督导"十三五规划重点课题"。

前　言

工程材料是一门重要的融合技术的基础课,它的内容包括建筑工程材料、装饰材料、楼宇智能化中相关的一些主要材料等,主要研究各种材料的组成与构造、性质与应用、运输与保管等。

为适应新时期下的科学技术和行业的快速发展,适应现在的教学要求,本书在编写过程中考虑到当前中职学生的结构和素质在不断发生变化,以培养高层次、高质量的具有较强专业知识的应用型人才为目标,且侧重于材料的性能特点和工程运用,尤其兼顾目前新材料、新技术等前沿科学技术知识。因此,本书具有突出的针对性、实用性、实践性和兼容性等特点。本书既可作为中等职业学校建筑工程、建筑装饰、楼宇智能等专业的教科用书,也可作为建筑工程、建筑装饰、楼宇智能等行业技术人员学习和借鉴的参考书。

本书由郭伟主编和统稿。其中,第一、六章由郭伟编写,第二章由徐娇琴编写,第三、四章由秦国林编写,第五章由李芸编写,第七章由高水冬编写,第八章由刘洁编写。在此感谢建筑工程、建筑装饰、电梯、楼宇智能等专业经验丰富的任课老师,他们给予了很多的帮助和支持。

由于编者水平有限,且材料发展日新月异,书中不免有疏漏和不足之处,恳请同行和读者批评指正。

编　者

2019年6月

目录

第一章
混凝土

混凝土的性能在很大程度上取决于组成材料的性能。因此必须根据工程性质、设计要求和施工现场条件，合理选择原料的品种、质量和用量。要做到合理选择原材料，首先必须了解组成材料的性质、作用原理和质量要求。

普通混凝土的基本组成材料是水泥、砂、石和水。其中，水泥浆体占20%—30%，砂石骨料占70%左右。在混凝土中，砂、石起骨架作用，称为骨料；水泥浆在混凝土硬化前起润滑作用，使混凝土拌合物具有可塑性，在混凝土拌合物中，水泥浆填充砂子孔隙，包裹砂粒，形成砂浆，砂浆又填充石子孔隙，包裹石子颗粒，形成混凝土浆体；在混凝土硬化后，水泥浆则起胶结和填充作用。现代混凝土中除了以上组分外，还经常加入化学外加剂与矿物细粉掺合料。化学外加剂的品种很多，可以改善、调节混凝土的各种性能，而矿物细粉掺合料则可以有效提高新拌混凝土的性能和耐久性，同时降低成本。

第一节　混凝土的组成材料

一、水泥

水泥的种类有硅酸盐水泥、普通硅酸盐水泥、矿渣硅酸盐水泥、火山灰质硅酸盐水泥、粉煤灰硅酸盐水泥和复合水泥等。它的存储状态有散装水泥（如图1-1-1所示）和袋装水泥（如图1-1-2所示）。水泥强度等级的选择应当与混凝土的设计强度等级相适应。水泥浆多，混凝土流动性好，反之就干稠，但水泥浆太多，会导致混凝土耐久性差（早期水化热大、收缩大、易腐蚀）；水泥用量多，单位质量水泥对强度的贡献低、成本高，且混凝土收缩大、易开裂。经验证明，配制C30以下的混凝土（中低强度），水泥强度等级为混凝土强度等级的1.5—2.0倍；配制C40以上的高强混凝土，水泥强度等级为混凝土强度等级的0.9—1.5倍，同时宜掺入高效减水剂。

图 1-1-1　散装水泥 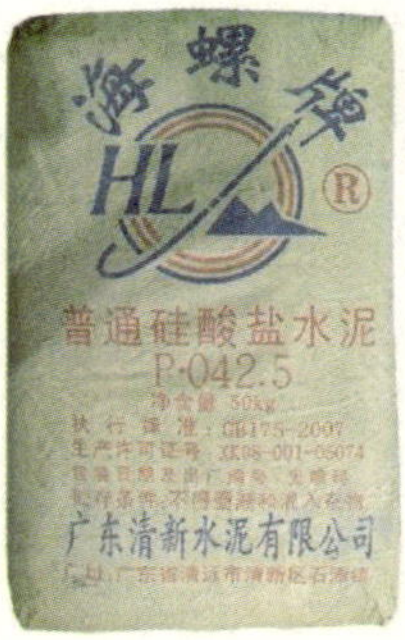　　　　　　　　　　图 1-1-2　袋装水泥

　　用高强度等级水泥配制低强度等级的混凝土时,较少的水泥用量即可满足混凝土的强度,但水泥用量过少会严重影响混凝土拌合物的和易性及混凝土的耐久性;用低强度等级水泥配制高强度混凝土时,会因水灰比太小及水泥用量过大而影响混凝土拌合物的流动性,并会显著增加混凝土的水化热和干缩。

二、细骨料

　　普通混凝土骨料按粒径分为细骨料和粗骨料。粒径不大于4.75mm的骨料称为细骨料,如图1-1-3所示。粒径大于4.75mm的骨料称为粗骨料,如图1-1-4所示。骨料在混凝土中所占的体积为70%—80%,它在混凝土中起骨架作用,能够传递应力,抑制收缩,防止开裂,使混凝土具有更好的耐久性。骨料的主要技术性质包括颗粒级配及粗细程度、颗粒形态和表面特征、强度、坚固性、含泥量、泥块含量、有害物质及碱骨料反应等。骨料的各项性能指标将直接影响混凝土的施工性能和使用性能,常用骨料有砂、卵石和碎石等,应符合国家标准《建筑用砂》(GB/T 14684—2011)及国家标准《建筑用卵石、碎石》(GB/T 14685—2011)的技术要求。

粒径≤4.75mm

图 1-1-3　细骨料

粒径＞4.75mm

图 1-1-4　粗骨料

细骨料包括天然砂和人工砂。天然砂是由自然风化、水流搬运和分选、堆积形成的粒径小于 4.75mm 的岩石颗粒，包括河砂、淡化海砂、湖砂、山砂，但不包括软质岩、风化岩石的颗粒。人工砂是经除土处理的机制砂和混合砂的统称。机制砂是经除土处理，由机械破碎、筛分制成的粒径小于 4.75mm 的岩石颗粒，但不包括软质岩、风化岩石的颗粒；混合砂是由机制砂和天然砂混合制成的砂。

三、粗骨料

粗骨料是指粒径大于 4.75mm 的骨料，有碎石和卵石两大类，碎石为岩石（有时采用大块卵石，称为碎卵石）经破碎、筛分而得，卵石多为自然形成的河卵石经筛分而得。通常卵石和碎石根据技术要求可分为Ⅰ类、Ⅱ类和Ⅲ类，Ⅰ类用于强度等级大于 C60 的混凝土，Ⅱ类用于强度等级为 C30—C60 的混凝土，Ⅲ类用于强度等级小于 C30 的混凝土。

粗骨料颗粒的主要技术指标有：①有害杂质；②颗粒形态及表面特征；③粗骨料最大粒径；④粗骨料的颗粒级配；⑤粗骨料的强度；⑥粗骨料的坚固性。粗骨料颗粒的常检项有：①颗粒级配；②含泥量；③泥块含量；④针、片状颗粒含量；⑤压碎指标；⑥表观密度；⑦堆积密度与空隙率。

四、混凝土拌合及养护用水

饮用水、地下水、地表水、海水和经过处理达到要求的工业废水均可用作混凝土拌合用水。混凝土拌合及养护用水的质量要求具体有：不得影响混凝土的和易性及凝结，不得有损混凝土强度发展，不得降低混凝土的耐久性，不得加快钢筋腐蚀及导致预应力钢筋脆断，不得污染混凝土表面，等等。当对水质有怀疑时，应利用该水与蒸馏水或饮用水进行水泥凝结时间、砂浆或混凝土强度对比试验。测得的初凝时间差及终凝时间均不得大于 30min，其初凝时间和终凝时间还应符合水泥国家标准的规定。用该水制成的砂浆或混凝土 28d 抗压强度应不低于用蒸馏水或饮用水制成的砂浆或混凝土抗压强度的 90%。另外，海水中含有硫酸盐、镁盐和氯化物，对水泥石有侵蚀作用，对钢筋也会造成锈蚀，因此不得用于拌制钢筋混凝土和预应力混凝土。

第二节　普通混凝土的主要技术性质

一、混凝土和易性的概念

新拌混凝土的和易性，也称工作性，是指拌合物易于搅拌、运输、浇捣成型，并获得质量均匀密实的混凝土的一项综合技术性能。其通常用流动性、黏聚性和保水性三项内容表示。流动性是指拌合物在自重或外力作用下产生流动的难易程度。黏聚性是指拌合物各组成材料之间不产生分层离析现象。保水性是指拌合物不产生严重的泌水现象。

通常情况下，混凝土拌合物的流动性越大，则保水性和黏聚性越差，反之亦然，相互之间存在一定的矛盾。和易性良好的混凝土，必须既具有满足施工要求的流动性，又具有良好的黏聚性和保水性。因此，不能简单地将流动性大的混凝土称为和易性好的混凝土，或者将流动性减小说成和易性变差。良好的和易性既是施工的要求，也是获得质量均匀密实的混凝土的基本保证。

二、和易性的测试和评定

混凝土拌合物的和易性是一项极其复杂的综合指标，到目前为止，全世界尚无能够全面反映混凝土和易性的测定方法。通常通过测定流动性，再辅以其他直观观察或经验来综合评定混凝土的和易性。流动性的测定方法有坍落度法、维勃稠度法、探针法、斜槽法、流出时间法和凯利球法等十多种；就普通混凝土而言，最常用的是坍落度法和维勃稠度法。

1. 坍落度法

将搅拌好的混凝土分三层装入坍落度筒中，如图1-2-1(a)所示，每层振捣25次，抹平后垂直提起坍落度筒，混凝土则在自重作用下坍落，以坍落高度(单位:mm)代表混凝土的流动性。坍落度越大，则流动性越好。

黏聚性可通过观察坍落度测试后混凝土所保持的形状，或侧面用捣棒敲击后的情形判定，如图1-2-1所示。若坍落度筒一提起即出现图1-2-1(c)或(d)所示的情形，则表示黏聚性不良；若敲击后出现图1-2-1(b)所示的情形，则表示黏聚性好；若敲击后出现图1-2-1(c)所示的情形，则表示黏聚性欠佳；若敲击后出现图1-2-1(d)所示的情形，则表示黏聚性不良。

(a)坍落度筒　(b)坍落度测试　(c)黏聚性欠佳　(d)黏聚性不良

图1-2-1　混凝土拌合物和易性测定

保水性可根据水或稀浆从底部析出的量的大小评定,如图1-2-1(b)所示。析出量大,则保水性差,严重时粗骨料可因表面稀浆流失而裸露;析出量小,则保水性好。

根据坍落度值的大小将混凝土分为四类:

①大流动性混凝土:坍落度≥160mm;

②流动性混凝土:坍落度为100—150mm;

③塑性混凝土:坍落度为10—90mm;

④干硬性混凝土:坍落度<10mm。

坍落度法测定混凝土和易性的适用条件为:a.粗骨料最大粒径≤40mm;b.坍落度≥10mm。

对坍落度小于10mm的干硬性混凝土,坍落度值已不能准确反映其流动性大小。如两种混凝土坍落度均为0时,但在振捣器作用下的流动性可能完全不同。故一般采用维勃稠度法测定。

2. 维勃稠度法

坍落度法的测试原理是混凝土在自重作用下坍落,而维勃稠度法则是在坍落度筒提起后,施加一个振动外力,通过测试混凝土在外力作用下完全填满面板所需时间(单位:s)来代表混凝土的流动性。其时间越短,则流动性越好;时间越长,则流动性越差。

3. 坍落度的选择原则

实际施工时采用的坍落度大小根据下列条件选择。

①构件截面尺寸大小:截面尺寸大,易于振捣成型,坍落度适当选小些;反之亦然。

②钢筋疏密:钢筋较密,则坍落度选大些;反之亦然。

③捣实方式:人工捣实,则坍落度选大些。机械振捣则选小些。

④运输距离:从搅拌机出口到浇捣现场运输距离较远时,应考虑途中坍落度损失,坍落度宜适当选大些,特别是商品混凝土。

⑤气候条件:气温高、空气相对湿度小时,因水泥水化速度加快及水分挥发加速,坍落度损失大,坍落度宜选大些;反之亦然。

一般情况下,坍落度可按表1-2-1选用。

表1-2-1 混凝土浇筑时的坍落度

构件种类	坍落度/mm
基础或地面等的垫层、无配筋的大体积结构(挡土墙、基础等)或配筋稀疏的结构	10—30
板、梁及大型和中型截面的柱子等	30—50

构件种类	坍落度/mm
配筋密列的结构（薄壁、斗仓、筒仓、细柱等）	50—70
配筋特密的结构	70—90

三、影响和易性的主要因素

1. 单位用水量

单位用水量是混凝土流动性的决定因素。用水量增大，流动性随之增大。但用水量大带来的不利影响是保水性和黏聚性变差，易产生泌水分层离析，从而影响混凝土的匀质性、强度和耐久性。大量的实验研究证明，在原材料品质一定的条件下，单位用水量一旦选定，单位水泥用量增减 50—100kg/m³，混凝土的流动性基本保持不变，这一规律称为固定用水量定则。这一定则对普通混凝土的配合比设计带来极大便利，即可通过固定用水量在保证混凝土坍落度的同时，调整水泥用量，即调整水灰比，来满足强度和耐久性要求。在进行混凝土配合比设计时，单位用水量可根据施工要求的坍落度和粗骨料的种类、规格，以及《普通混凝土配合比设计规程》(JGJ 55—2011)按表1-2-2选用，再通过试配调整，最终确定单位用水量。

表1-2-2　混凝土单位用水量选用表

项　目	指　标	卵石最大粒径/mm				碎石最大粒径/mm			
		10	20	31.5	40	16	20	31.5	40
坍落度/mm	10—30	190	170	160	150	200	185	175	165
	35—50	200	180	170	160	210	195	185	175
	55—70	210	190	180	170	220	205	195	185
	75—90	215	195	185	175	230	215	205	195
维勃稠度/s	16—20	175	160	—	145	180	170	—	155
	11—15	180	165	—	150	185	175	—	160
	5—10	185	170	—	155	190	180	—	165

注：①本表用水量系采用中砂时的平均取值，采用细砂时每立方米混凝土用水量可增加 5—10kg，采用粗砂时每立方米混凝土用水量可减少 5—10kg。
②掺用各种外加剂或掺合料时，可相应增减用水量。
③本表不适用于水灰比小于 0.4 的混凝土，以及采用特殊成型工艺的混凝土。

2. 浆骨比

浆骨比指水泥浆用量与砂石用量之比值。在混凝土凝结硬化之前,水泥浆主要赋予流动性;在混凝土凝结硬化以后,水泥浆主要赋予黏结强度。在水灰比一定的前提下,浆骨比越大,即水泥浆量越大,则混凝土流动性越大。通过调整浆骨比大小,既可以满足流动性要求,又能保证良好的黏聚性和保水性。浆骨比不宜太大,否则易产生流浆现象,使黏聚性下降。浆骨比也不宜太小,否则因骨料间缺少黏结体,拌合物易发生崩塌现象。因此,合理的浆骨比是混凝土拌合物和易性的良好保证。

3. 水灰比

水灰比即水用量与水泥用量之比。在水泥用量和骨料用量不变的情况下,水灰比增大,相当于单位用水量增大,水泥浆很稀,拌合物的流动性也随之增大;反之亦然。用水量增大带来的负面影响是严重降低混凝土的保水性,增大泌水,同时使黏聚性也下降。但水灰比也不宜太小,否则会因流动性过低而影响混凝土振捣密实,易产生麻面和空洞。合理的水灰比是混凝土拌合物流动性、保水性和黏聚性的良好保证。

4. 砂率

砂率是指砂子质量占砂、石总质量的百分率,表达式为:砂率=砂的用量/(砂的用量+石子用量)×100%。砂率对和易性的影响非常显著。①对流动性的影响。一方面,在水泥用量和水灰比一定的条件下,由于砂子与水泥浆组成的砂浆在粗骨料间起到润滑作用,可以减小粗骨料间的摩擦力,所以在一定范围内,随砂率增大,混凝土流动性增大。另一方面,由于砂子的比表面积比粗骨料大,随着砂率增加,粗细骨料的总表面积增大,在水泥浆用量一定的条件下,骨料表面包裹的浆层变薄,润滑作用下降,使混凝土流动性降低。所以砂率超过一定范围,流动性随砂率增加而下降。②对黏聚性和保水性的影响。砂率减小,混凝土的黏聚性和保水性均下降,易产生泌水、离析和流浆现象。砂率增大,混凝土的黏聚性和保水性均增加。但砂率过大,当水泥浆不足以包裹骨料表面时,混凝土的黏聚性反而会下降。③合理砂率的确定。合理砂率是指砂子填满石子空隙并有一定的富余量,能在石子间形成一定厚度的砂浆层,以减小粗骨料间的摩擦阻力,使混凝土流动性达最大值;或者在保持流动性不变的情况下,使水泥浆用量达最小值。合理砂率的确定可根据上述两原则通过试验确定,在大型混凝土工程中经常采用。对普通混凝土工程可根据经验或《普通混凝土配合比设计工程》,参照表1-2-3选用。

表 1-2-3　混凝土砂率选用表

水灰比（W/C）	卵石最大粒径/mm			碎石最大粒径/mm		
	10	20	40	16	20	40
0.40	26—32	25—31	24—30	30—35	29—34	27—32

注：①表中数值系中砂的选用砂率。对细砂或粗砂，可相应地减小或增大砂率。

②本砂率适用于坍落度为 10—60mm 的混凝土。坍落度大于 60mm 或小于 10mm 时，应相应增大或减小砂率；按每增大 20mm，砂率增大 1% 的幅度予以调整。

③只用一个单粒级粗骨料配制混凝土时，砂率值应适当增大。

④掺有各种外加剂或掺合料时，其合理砂率值应经试验或参照其他有关规定选用。

⑤对薄壁构件，砂率取偏大值。

5. 水泥品种及细度

水泥品种不同时，达到相同流动性的需水量往往不同，从而影响混凝土流动性。另外，不同品种水泥对水的吸附作用往往不等，从而影响混凝土的保水性和黏聚性。如火山灰水泥、矿渣水泥配制的混凝土流动性比普通水泥小。在流动性相同的情况下，矿渣水泥的保水性较差，黏聚性也较差。同品种水泥越细，流动性越差，但黏聚性和保水性越好。

6. 骨料的品种和粗细程度

卵石表面光滑，碎石粗糙且多棱角，因此用卵石配制的混凝土流动性较好，但黏聚性和保水性相对较差。河砂与山砂的差异与上述相似。对级配符合要求的砂石料来说，粗骨料粒径越大，砂子的细度模数越大，则流动性越大，但黏聚性和保水性有所下降，特别是砂的粗细，在砂率不变的情况下，影响更加显著。

7. 外加剂

改善混凝土和易性的外加剂主要有减水剂和引气剂。它们能使混凝土在不增加用水量的条件下增加流动性，并具有良好的黏聚性和保水性。详见本章第五节。

8. 时间、气候条件

随着水泥水化和水分蒸发，混凝土的流动性将下降。气温高、湿度小、风速大都将加速流动性的损失。

四、混凝土和易性的调整和改善措施

1. 当混凝土流动性小于设计要求时，为了保证混凝土的强度和耐久性，不能单独加水，必须保持水灰比不变，增加水泥浆用量。但水泥浆用量过多，混凝土的成本会提高，且将增大混凝土的收缩和水化热等，混凝土的黏聚性和保水性也可能下降。

2. 当坍落度大于设计要求时，可在保持砂率不变的前提下，增加砂石用量；实际上相当于减少水泥浆用量。

3. 改善骨料级配,既可增加混凝土流动性,也能改善黏聚性和保水性。但骨料占混凝土用量的75%左右,实际操作难度往往较大。

4. 掺减水剂或引气剂,是改善混凝土和易性的最有效措施。

5. 尽可能选用最优砂率。当黏聚性不足时可适当增大砂率。

五、混凝土的凝结时间

混凝土的凝结时间与水泥的凝结时间有相似之处,但由于骨料的掺入、水灰比的变动及外加剂的应用,两者又存在一定的差异。水灰比增大,凝结时间延长;早强剂、速凝剂,会使凝结时间缩短;掺入缓凝剂,则使凝结时间大大延长。混凝土的凝结时间可分为初凝时间和终凝时间。初凝时间指混凝土加水至失去塑性所经历的时间,亦表示施工操作的时间极限;终凝时间指混凝土加水到产生强度所经历的时间。初凝时间可以适当长些,以便于施工操作;终凝时间与初凝时间的差则越小越好。

混凝土凝结时间的测定通常采用贯入阻力法。影响混凝土实际凝结时间的因素主要有水灰比、水泥品种、水泥细度、外加剂、掺合料和气候条件等。

第三节　混凝土的强度

混凝土的强度包括抗压强度、抗拉强度、抗弯强度及抗剪强度。其中,抗压强度最大,抗拉强度最小,故混凝土主要用于承受压力。抗压强度是混凝土最重要的性能指标,它常作为结构设计的主要参数,也是评定混凝土质量的指标。

一、混凝土的强度等级

混凝土的强度等级是指混凝土的抗压强度。根据《混凝土强度检验评定标准》(GB/T 50107—2010),混凝土的强度等级应按照其立方体抗压强度标准值确定。采用符号C与立方体抗压强度标准值(以 N/mm² 或 MPa 计)表示。

混凝土的抗压强度是通过试验得出的,我国最新标准规定混凝土的强度等级小于C60时采用边长为150mm的立方体试件(见图1-3-1)作为混凝土抗压强度的标准尺寸试件。根据《普通混凝土力学性能试验方法标准》(GB/T 50081—2002),制作边长为150mm的立方体在标准养护(温度20℃±2℃、相对湿度在95%以上)条件下,养护至28d龄期,用标准试验方法测得的极限抗压强度,称为混凝土标准立方体抗压强度,以 $f_{cu,k}$ 表示。按照《混凝土结构设计规范》(GB 50010—2010)规定,在立方体极限抗压强度总体分布中,具有95%强度保证

图1-3-1　混凝土立方体标准试件

率的立方体试件抗压强度,称为混凝土立方体抗压强度标准值(以MPa计),用fcu,k表示。用依照标准实验方法测得的具有95%保证率的抗压强度作为混凝土强度等级。

按照《混凝土结构设计规范》(GB 50010—2010)规定,普通混凝土划分为十四个等级,即C15、C20、C25、C30、C35、C40、C45、C50、C55、C60、C65、C70、C75、C80。"C"为混凝土强度符号,后面的数值即为混凝土立方体抗压强度标准值。例如,强度等级为C30的混凝土是指30MPa≤fcu,k<35MPa。此外还有C85、C90、C95、C100等高强度混凝土,一般把强度等级为C60及其以上的混凝土称为高强混凝土。素混凝土结构的混凝土强度等级不应低于C15;钢筋混凝土结构的混凝土强度等级不应低于C20;预应力混凝土结构的混凝土强度等级不宜低于C40,且不应低于C30。

二、影响混凝土强度的因素

评价混凝土质量的主要指标之一是抗压强度。从混凝土强度表达式不难看出,混凝土抗压强度与配置混凝土用的水泥的强度成正比。按公式计算,当水灰比相等时,用高标号水泥比低用标号水泥配制出的混凝土抗压强度高许多。一般来说,水灰比与混凝土强度成反比,水灰比不变时,用增加水泥用量来提高混凝土强度是错误的,此时只能增加混凝土的和易性,增大混凝土的收缩和变形。

所以说,影响混凝土抗压强度的主要因素是水泥强度和水灰比。要控制好混凝土质量,最重要的是控制好水泥质量和混凝土的水灰比两个主要环节。当然,还有其他不可忽视的因素影响混凝土的强度。

粗骨料对混凝土强度也有一定影响。所以,工程开工时,首先由技术负责人现场确定粗骨料,当石质强度相等时,碎石表面比卵石表面粗糙,它与水泥砂浆的黏结性比卵石强,当水灰比相等或配合比相同时,两种材料配制的混凝土,碎石的混凝土强度比卵石高。

我们一般对混凝土的粗骨料粒径进行控制,以便与不同的工程部位相适应。细骨料品种对混凝土强度的影响程度比粗骨料的小,但砂的质量对混凝土质量也有一定的影响,施工中要严格控制砂的含泥量在3%以内。因此,砂石质量必须符合混凝土各标号用砂石质量标准的要求。

由于施工现场砂石质量变化相对较大,因此现场施工人员必须保证砂石的质量达到要求,并根据现场砂石含水率及时调整水灰比,以保证混凝土配合比。同时,不能把实验配比与施工配比混为一谈。

混凝土质量又与外加剂的种类、掺入量、掺入方式有密切的关系,它也是影响混凝土强度的重要因素之一。混凝土强度只有在温度、湿度适合条件下才能保证正常发展,应按施工规范的规定予以养护。气温高低对混凝土强度的发展有一定的影响。夏季要防暴晒,充分利用早、晚气温较低的时间浇筑混凝土;尽量缩短运输和浇筑时间,并增大拌合物出罐时的坍落度;养护时不宜间断浇水,因为混凝土表面在干燥时温度升高,在浇水时冷却,这种冷热交替作用会使混凝土的强度和抗裂性降低。冬季要保温防冻害,现冬季施工一般采取综合蓄热法及蒸养法。

三、提高混凝土强度的措施

1. 提高混凝土的密实度

控制水灰比和保证足够的水泥用量,是保证混凝土密实度且提高混凝土耐久性的关键。在一定范围内,水灰比越小,混凝土强度越高;反之,水灰比越大,用水量越多,多余水分蒸发后留下的毛隙孔越多,从而使强度降低。

2. 改善粗细骨料的颗粒级配

砂的颗粒级配是指粒径不同的砂粒互相搭配的情况。级配良好的砂,空隙率较小,可以节省水泥,而且可以改善混凝土拌合物的和易性,提高混凝土的密实度、强度和耐久性。

3. 合理选择水泥品种

水泥的品种有很多,对水泥的选择必须慎重。水泥石一旦受损,混凝土的耐久性就被破坏。因此,水泥的选择须注意水泥品种的具体性能,选择碱含量小,水化热低,干缩性小、耐热性、抗水性、抗腐蚀性、抗冻性都好的水泥,并结合具体情况进行选择。

第四节 混凝土的养护

混凝土养护是人为造成一定的湿度和温度条件,使刚浇筑的混凝土保持正常,并能逐渐硬化和增长强度。混凝土之所以能逐渐硬化和增长强度,是因为水泥水化作用,而水泥的水化需要一定的温度和湿度条件。如周围环境不存在该条件时,则需人工对混凝土进行养护。

一、养护的目的

混凝土浇筑后，如气候炎热、空气干燥，不及时进行养护，混凝土中水分就会蒸发过快，形成脱水现象，导致已形成凝胶体的水泥颗粒不能充分水化，不能转化为稳定的结晶，缺乏足够的黏结力，从而会在混凝土表面出现片状或粉状脱落。此外，在混凝土尚未具备足够的强度时，水分过早地蒸发还会产生较大的收缩变形，出现干缩裂纹。所以，混凝土浇筑后初期阶段的养护非常重要，混凝土终凝后应立即进行养护，干硬性混凝土应于浇筑完毕后立即进行养护。

二、养护方法

在整个混凝土工程中，混凝土养护是一项耗时最长、对混凝土质量影响最大的子工程。一般而言，混凝土养护开始的时间，要根据当地气候条件和混凝土工程所使用的水泥品种来确定。对于一般环境下普通水泥品种的养护，应在混凝土浇筑后的12—18h开始养护。养护时间要持续21—28d。

混凝土的养护方法有两种。

1. 自然养护

自然养护分洒水养护与喷洒塑料薄膜养护。前者用草帘等将混凝土覆盖，经常洒水保持湿润。养护时间取决于水泥品种，如普通硅酸盐水泥混凝土养护时间不少于七昼夜。后者适用于不易洒水养护的高耸构筑物和大面积混凝土结构等，是将过氯乙烯树脂塑料溶液用喷枪喷洒在混凝土表面，溶液挥发后在混凝土表面形成一层薄膜，将混凝土与空气隔绝，阻止混凝土内水分蒸发以保证水泥水化作用正常进行，养护完成后薄膜能自行老化脱落。

2. 蒸汽养护

蒸汽养护是将混凝土构件放在充满饱和蒸汽或蒸汽与空气混合物的养护室内，在较高温度与湿度环境中加速混凝土硬化。养护效果与蒸汽养护制度有关，包括蒸汽养护前静置时间、升温和降温速度、养护温度、恒温养护时间、相对湿度等。蒸汽养护室有坑式、立窑式和隧道窑式等。

混凝土养护期间，应重点加强混凝土的湿度和温度控制，尽量减少表面混凝土的暴露时间，及时对混凝土暴露面进行紧密覆盖（可采用篷布、塑料布等进行覆盖），防止表面水分蒸发，如图1-4-1所示。暴露面保护层混凝土初凝前，应卷起覆盖物，用抹子搓压表面至少两遍，使之平整后再次覆盖。此时，应注意覆盖物不要直接接触混凝土表面，直至混凝土终凝为止。

图1-4-1 用篷布、塑料布覆盖

第五节 混凝土质量检验

混凝土的耐久性，是指混凝土抵抗环境介质物理和化学作用，并长期保持良好的使用性能的能力。

一、混凝土的抗渗性

混凝土的抗渗性是指混凝土抵抗压力水渗透的能力。混凝土渗水是由于内部孔隙形成连通的渗水孔道，这些孔道主要来源于水泥浆中多余水分蒸发而留下的气孔，水泥浆泌水所产生的毛细管孔道，内部的微裂缝以及施工振捣不密实产生的蜂窝、孔洞。混凝土的抗渗性用抗渗等级来表示。抗渗等级是以28d龄期的标准抗渗试件，按规定方法试验，以不渗水时所能承受的最大水压力来表示，划分为P2、P4、P6、P8、P12等等级，它们分别表示能抵抗0.2MPa、0.4MPa、0.6MPa、0.8MPa、1.2MPa等水压力而不渗透。

二、混凝土的抗冻性

混凝土的抗冻性是指混凝土在水饱和状态下，能经受多次冻融循环作用而不破坏，同时也不严重降低强度的性能。混凝土的抗冻性一般用抗冻等级来表示。抗冻等级是采用28d龄期的试块在吸水饱和后，承受反复冻融循环，以抗压强度下降不超过25%，而且质量损失不超过5%时所能承受的最大冻融循环次数来确定的。《混凝土质量控制标准》（GB 50164—2011）将混凝土划分为九个抗冻等级：F10、F15、F25、F50、F100、F150、F200、F250、F300，分别表示混凝土能够承受反复冻融循环次数为 10、15、25、50、100、150、200、250、300。

混凝土内部的孔隙水在负温下结冰后体积膨胀会造成静水压力,因冷冻水蒸气压的差别推动未冻水向冻结区迁移会造成渗透压力,当这两种压力所产生的内应力超过混凝土抗拉强度时,混凝土就会产生裂缝,多次冻融会使裂缝不断扩展直至破坏。

三、混凝土的抗侵蚀性

混凝土的抗侵蚀性是指混凝土在含有侵蚀性介质的环境中,遭受化学侵蚀、物理作用但不被破坏的能力。当混凝土所处使用环境中有侵蚀性介质时,混凝土很可能遭受侵蚀,通常有软水侵蚀、硫酸盐侵蚀、镁盐侵蚀、碳酸侵蚀、一般酸侵蚀与强碱腐蚀等。随着混凝土在海洋盐渍、高寒等环境中的大量使用,对混凝土的抗侵蚀性提出了更严格的要求。混凝土的抗侵蚀性主要取决于水泥的品种、混凝土的密实度与孔隙特征等。

四、混凝土的碳化

混凝土的碳化是空气中的 CO_2 与水泥石中的水化产物在有水的条件下发生化学反应,生成碳酸钙和水的过程。碳化也叫中性化。碳化过程是 CO_2 由表及里向混凝土内部逐渐扩散的过程。未经碳化的混凝土 pH 值为 12—13,碳化后 pH 值为 8.5—10,接近中性。混凝土的碳化程度常用碳化深度来表示。

碳化对混凝土性能有明显的影响:一方面,减弱对钢筋的保护作用。由于水泥水化过程中生成大量的 $Ca(OH)_2$,使混凝土孔隙中充满饱和的 $Ca(OH)_2$ 溶液,其 pH 值可以达到 12.6—13。这种强碱性环境能使混凝土中的钢筋表面生成一层钝化薄膜,从而保护钢筋免于锈蚀。碳化作用降低了混凝土的碱度,当 pH 值低于 10 时,钢筋表面钝化薄膜被破坏,导致钢筋锈蚀。另一方面,当碳化深度超过钢筋的保护层时,钢筋不但易发生锈蚀,还会因此引起体积膨胀,使混凝土保护层开裂或剥落,进而又加速混凝土碳化。碳化作用还会引起混凝土的收缩,使混凝土表面碳化层产生拉应力,可能产生微细裂缝,从而降低了混凝土的抗折强度。

五、碱骨料反应

混凝土中的碱性氧化物(Na_2O、K_2O)与骨料中的活性 SiO_2、活性碳酸盐发生化学反应生成碱硅酸盐凝胶或碱碳酸盐凝胶,沉积在骨料与水泥胶体的界面上,吸水后体积膨胀 3 倍以上,从而导致混凝土开裂破坏。

六、提高混凝土耐久性的主要措施

1. 合理选择水泥品种。

2. 适当控制混凝土的水灰比及水泥用量。水灰比是决定混凝土密实性的主要因素之一，它不仅影响混凝土的强度，而且严重影响其耐久性，故必须严格控制水灰比。保证足够的水泥用量，同样可以起到提高混凝土密实性和耐久性的作用。

3. 选用无碱活性、质量良好的砂、石骨料。质量良好、技术条件合格的砂、石骨料是保证混凝土耐久性的重要条件之一。改善粗细骨料级配，在允许的最大粒径范围内尽量选用较大粒径的粗骨料，可减小骨料的空隙率和比表面积，也有助于提高混凝土的耐久性。

4. 掺入引气剂或减水剂。掺入引气剂或减水剂，对提高抗渗性能、抗冻性能等有良好的作用，在某些情况下，还能节约水泥。

5. 掺入矿物掺合料。矿物掺合料，也称矿物外加剂或矿物超细粉，可以提高混凝土的工作性、强度及耐久性。

6. 加强混凝土的施工质量控制。在混凝土施工中，应当搅拌均匀、浇灌和振捣密实并加强养护，以保证混凝土的施工质量。

第六节　混凝土外加剂

在混凝土拌制过程中，掺入不超过水泥用量的5%（特殊情况除外），用以改善混凝土性能的物质称为混凝土外加剂。外加剂虽然用量不多，但在改善拌合物的和易性，调节凝结时间、硬化性能，控制强度发展和提高耐久性等方面起着显著作用，已成为混凝土中必不可少的第五种成分。

混凝土外加剂按主要功能分为以下四类：

1. 改善混凝土拌合物流变性能的外加剂，包括各种减水剂、引气剂和泵送剂等。

2. 调节混凝土凝结时间、硬化性能的外加剂，包括缓凝剂、早强剂和速凝剂等。

3. 改善混凝土耐久性的外加剂，包括引气剂、防水剂和阻锈剂等。

4. 改善混凝土其他特殊性能的外加剂，包括加气剂、膨胀剂、防冻剂、着色剂、防水剂和泵送剂等。

目前常用的外加剂主要有减水剂、引气剂、早强剂、缓凝剂、防冻剂等。

一、减水剂

在混凝土坍落度基本相同的条件下,能减少拌合用水量的外加剂称为减水剂。根据减水的作用效果及功能情况,减水剂可分为普通减水剂、高效减水剂、早强减水剂、缓凝减水剂、引气减水剂等。

在混凝土中掺入减水剂后,根据使用的目的不同,可相应得到以下效果:①提高混凝土拌合物的流动性;②提高混凝土的强度;③节约水泥;④改善混凝土的耐久性。

减水剂是使用最广泛、效果最显著的一种外加剂,品种繁多。按化学成分其可分为木质素系减水剂、萘系减水剂、树脂系减水剂、糖蜜系减水剂、腐殖酸系减水剂及复合系减水剂六大类。目前常用的是木质素系及萘系减水剂,如表1-6-1所示。

表1-6-1　常用减水剂的品种

种　类	木质素系	萘　系	树脂系
类别	普通减水剂	高效减水剂	早强减水剂(高效减水剂)
主要品种	木质素磺酸钙(木钙粉、M型减水剂)、木钠、木镁等	NNO、NF建-1、FDN、UNF、JN、MF等	FG-2、ST、TF
适宜掺量/%(占水泥质量)	0.2—0.3	0.2—1	0.5—2
减水率	10%左右	10%以上	20%—30%
早强效果	—	显著	显著(7d可达28d强度)
缓凝效果	1—3h	—	—
引气效果	1%—2%	部分品种<2%	—
适用范围	一般混凝土工程及滑模、泵送、大体积及夏季施工的混凝土工程	适用于所有混凝土工程,更适于配制高强度混凝土及流态混凝土工程	因价格昂贵,宜用于有特殊要求的混凝土工程

二、引气剂

混凝土在拌合过程中,能引入大量均匀分布、稳定而封闭的微小气泡的外加剂,称为引气剂。

掺入引气剂,能减少混凝土拌合物泌水离析,改善和易性,并能显著提高混凝土的抗冻性和抗渗性。目前常用的引气剂为松香热聚物和松香皂等。近年来,开始使用烷基碱酸钠、脂肪醇硫酸钠等品种。引气剂的掺量极小,一般仅为水泥质量的0.005%—0.015%,并具有一定的减水效果,减水率为8%左右,混凝土的含气量为3%—5%。一般情况下,含气量每增加 1%，混凝土的强度下降 3%—5%。引气剂可用于抗渗混凝土、抗冻混凝土、抗硫酸盐侵蚀的混凝土、泌水严重的混凝土、贫混凝土、轻混凝土，以及对饰面有要求的混凝土等，但引气剂不宜用于蒸养混凝土及预应力混凝土。

三、早强剂

能提高混凝土早期强度，并对后期强度无显著影响的外加剂称为早强剂。

早强剂可在不同温度下加速混凝土的强度发展，常用于要求早拆模工程、抢修工程及冬季施工。早强剂可分为氯盐类早强剂、硫酸盐类早强剂、有机胺类早强剂及复合早强剂等。

1. 氯盐类早强剂

氯盐类早强剂主要有氯化钙、氯化钠等，其中以氯化钙效果最佳。氯化钙易溶于水，适宜掺量为水泥质量的 1%—2%，能使混凝土 3d 强度提高 40%—100%，7d 强度提高 20%—40%，同时能降低混凝土中水的冰点，防止混凝土早期受冻。

氯盐类早强剂，最大的缺点是含有氯离子，会引起钢筋锈蚀，从而导致混凝土开裂。《混凝土结构工程施工及验收规范》(GB 50204—1992)规定，在钢筋混凝土中氯盐的掺量不得超过水泥质量的 1%，在无筋混凝土中氯盐的掺量不得超过水泥质量的 3%，在使用冷拉和冷拔低碳钢丝的混凝土结构及预应力混凝土结构中，不允许掺用氯盐类早强剂。

为抑制氯盐对钢筋的锈蚀作用，常将氯盐类早强剂与阻锈剂亚硝酸钠复合使用。

2. 硫酸盐类早强剂

硫酸盐类早强剂应用较多的是硫酸钠，一般掺量为水泥质量的 0.5%—2.0%。当掺量为 1%—1.5% 时，达到混凝土设计强度 70% 的时间可缩短一半左右。

硫酸钠对钢筋无锈蚀作用，适用于不允许掺用氯盐的混凝土，但严禁用于含有活性集料的混凝土。同时应注意，硫酸钠掺量过多，会导致混凝土后期产生膨胀开裂以及混凝土表面产生"白霜"现象。

3. 有机胺类早强剂

有机胺类早强剂早强效果最好的是三乙醇胺。三乙醇胺呈碱性，能溶于水，掺量为水泥质量的 0.02%—0.05%，能使混凝土早期强度提高 50% 左右。与其他外加剂(如氯化钠、氯化钙、硫酸钠等)复合使用，早强效果更加显著。

三乙醇胺对混凝土稍有缓凝作用，掺量过多会造成混凝土严重缓凝和混凝土强度下降，故应严格控制掺量。

4. 复合早强剂

试验表明，用上述几类早强剂以适当比例配制成的复合早强剂具有较好的早强效果。

四、缓凝剂

能延缓混凝土的凝结时间，并对混凝土后期强度发展无不利影响的外加剂称为缓凝剂。缓凝剂主要有四类：糖类，如糖蜜；木质素磺酸盐类，如木钙、木钠；羟基酸及其盐类，如柠橡酸、酒石酸；无机盐类，如锌盐、硼酸盐等。常用的缓凝剂是糖蜜和木钙，其中糖蜜的缓凝效果最好。

糖蜜的适宜掺量为水泥质量的0.1%—0.3%，混凝土凝结时间可延长2—4h。掺量过大，会使混凝土长期酥松不硬，强度严重下降，但对钢筋无锈蚀作用。

缓凝剂主要适用于夏季施工的混凝土、大体积混凝土、滑模施工混凝土、泵送混凝土、长时间或长距离运输的商品混凝土，不适用于5℃以下施工的混凝土、有早强要求的混凝土及蒸养混凝土。

五、防冻剂

在规定温度下，能显著降低混凝土的冰点，使混凝土液相不冻结或仅部分冻结，以保证水泥的水化作用，并在一定的时间内获得预期强度的外加剂称为防冻剂。常用的防冻剂有氯盐类（氯化钙、氯化钠）、氯盐阻锈类（由氯盐与亚硝酸钠阻锈剂复合而成）以及无氯盐类（由亚硝酸盐、硝酸盐、碳酸盐及尿素复合而成）。

氯盐类防冻剂适用于无筋混凝土，氯盐阻锈类防冻剂可用于钢筋混凝土，无氯盐类防冻剂可用于钢筋混凝土和预应力钢筋混凝土。硝酸盐、亚硝酸盐、碳酸盐不适用于预应力混凝土，以及与镀锌钢材或铝铁相接触部位的钢筋混凝土结构。另外，含有六价铬盐、亚硝酸盐等有毒成分的防冻剂，严禁用于饮水工程及与食品接触的部位。

六、速凝剂

能使混凝土迅速凝结硬化的外加剂称为速凝剂。我国常用的速凝剂有红星Ⅰ型、711型、728型等。红星Ⅰ型速凝剂适宜掺量为水泥质量的2.5%—4.0%。711型速凝剂适宜掺量为水泥质量的3%—5%。

速凝剂掺入混凝土后，能使混凝土在5min内初凝，10min内终凝，1h就可产生强度，1d强度就能提高2—3倍，但后期强度会下降，28d强度为不掺时的80%—90%。

速凝剂主要用于矿山井巷、铁路隧道、引水涵洞、地下工程以及喷锚支护时的喷射混凝土或喷射砂浆工程。

七、外加剂的选择与使用

外加剂品种的选择,应根据工程需要、施工条件、混凝土原材料等因素通过试验确定。

外加剂品种确定后,要认真确定外加剂的掺量:掺量过小,往往达不到预期效果;掺量过大,则会影响混凝土的质量,甚至造成事故。因此,应通过试验试配确定最佳掺量。外加剂一般不能直接投入混凝土搅拌机内,应配制成合适浓度的溶液,随水加入搅拌机进行搅拌。对于不溶于水的外加剂,应与适量水泥或砂混合均匀后再加入搅拌机内。

第七节 其他种类混凝土

一、绿色混凝土

绿色材料的特点包括材料本身的先进性(优质的、生产能耗低的材料),生产过程的安全性(低噪声、无污染),材料使用的合理性(节省的、可以回收的),以及符合现代工程学的要求等。绿色材料是材料发展的必然。

1. 绿色混凝土的含义

绿色混凝土的环境协调性,是指对资源和能源消耗少,对环境污染小和循环再生利用率高。绿色混凝土的自适应性是指具有满意的使用性能,能够改善环境,具有感知、调节和修复等机敏特性。

自20世纪90年代以来,国内外科技工作者对绿色混凝土展开了研究,其涉及范围包括绿色高性能混凝土、再生集料混凝土、环保型混凝土和机敏混凝土等。

2. 绿色混凝土的类型

(1)绿色高性能混凝土。各国学者对高性能混凝土有不同的定义,但高性能混凝土的共性可归结为:在新拌阶段具有高工作性,易于施工,甚至无须振捣就能密实成型;在水化、硬化早期和使用过程中具有高体积稳定性,很少产生由于水化热和干缩等因素而形成的裂缝;在硬化后具有足够的强度和低渗透性,满足工程所需的力学性能和耐久性。

(2)再生集料混凝土。再生集料混凝土是指用废混凝土、废砖块、废砂浆做集料而制得的混凝土。

混凝土制备过程中将消耗大量砂石。若以每吨水泥生产混凝土时消耗6—10t砂石材料计,我国每年将生产砂石材料48亿—80亿t。全球已面临优质砂石材料短缺的问题,我国不少城市亦不得不远距离运送砂石材料。同时,我国每年拆除建筑产生的废弃混凝土约为1360万t,新建房屋产生的废弃混凝土约为4000万t,大部分被送到废料堆积场堆埋。因此实现再生集料的循环利用,对保护环境、节约能源资源的意义十分显著。

再生集料的性质同天然砂石集料相比,因其含有30%左右的硬化水泥砂浆,因此吸水性能、表观密度等物理性质与天然集料不同。再生混凝土的抗拉强度、抗弯强度、抗剪强度和弹性模量通常较低,而徐变和收缩率却是较高的。研究的目的在于测定这些因素的最佳组合,以便经济地生产适合于某种用途的再生集料混凝土。

(3)环保型混凝土。环保型混凝土,是指能够改善、美化环境,对人类与自然的协调具有积极作用的混凝土材料。这类混凝土的研究和开发刚起步,它标志着人类在处理混凝土材料与环境的关系过程中采取了更加积极、主动的态度。目前所研究和开发的品种主要有透水、排水性混凝土,绿化植被混凝土和净水混凝土等。

如利用多孔混凝土多孔的特性,可使混凝土具备透水、排水、净水、绿化植被、吸声、隔声等功能。多孔混凝土由粗集料与水泥浆结合而成,具有连续孔隙结构是其一大特征。它具有良好的透水性和透气性,孔隙率一般为5%—35%,因而具有能够提供生物的繁殖生长空间、净化和保护地下水资源、吸收环境噪声等功能。

将光催化技术应用于水泥混凝土材料中制成的光催化混凝土,可以起到净化城市大气的作用。如在建筑物表面使用掺有TiO_2的混凝土,可以通过光催化作用,使汽车和工业排放的氮氧化物、硫化物等污染物氧化成碳酸、硝酸和硫酸等随雨水排掉,从而净化环境。

(4)机敏混凝土。机敏混凝土是指具有感知、调节和修复等功能的混凝土,它是通过在传统的混凝土组分中复合特殊的功能组分而制备的具有本征机敏特性的混凝土。机敏混凝土是信息科学与材料科学相结合的产物,其目标不仅仅是将混凝土作为具有优良力学性能的建筑材料,更注重混凝土与自然的融合和适应性。

现代电子信息技术和材料科学的迅猛发展,促使社会及其各个组成部门,如交通系统、办公场所、居住社区等向智能化方向发展。自感知混凝土、自调节混凝土、仿生自愈合混凝土等一系列机敏混凝土的相继出现,为智能混凝土的研究和发展打下了坚实的基础。

①自感知机敏混凝土材料对诸如热、电和磁等外部信号刺激具有监测、感知和反馈的能力,是未来智能建筑的必需组件。

②自调节机敏混凝土材料对由于外力、温度、电场或磁场等变化具有产生形状、刚度、湿度或其他机械特性相应的能力。如在建筑物遭受台风、地震等自然灾害期间,能够调整承载能力和减缓结构振震动。目前人们研制的自动调节环境湿度的混凝土材料自身即可完成对室内环境湿度的探测,并可根据需求对其进行调控。这种材料已成功地应用于多家美术馆的室内墙壁,并取得了非常好的效果。

③自修复机敏混凝土材料是模仿动物的骨组织结构受创伤后的再生、恢复机理,采用粘接材料和水泥基材相复合的方法,对材料损伤破坏具有自行愈合和再生的功能,恢复甚至提

高材料性能的一种新型复合材料。

机敏混凝土是智能化时代的产物,具有上述功能的高智能结构,不仅提高了智能建筑的性能和安全度,综合利用了有限的建筑空间,减少了综合布线的工序,节省了建筑运行和维修费用,而且延长了建筑物的寿命。因此,在不远的将来,可以预见机敏混凝土材料与智能建筑的有机结合将对建筑业乃至整个社会的发展产生重大影响。

总之,绿色混凝土具有保护生态、美化环境、提高居住环境的舒适性和安全性的巨大优越性,它将是21世纪大力提倡、发展和应用的混凝土。

二、高强混凝土

在20世纪20年代,超过20MPa的混凝土可称为高强混凝土;至20世纪70年代,强度达到40MPa的混凝土被看作是高强混凝土;现在,高强混凝土是指强度等级为C80及其以上的混凝土。

1. 高强混凝土的优点和不利条件

（1）高强混凝土的主要优点

①高强混凝土可以减少结构断面,增加房屋使用面积和有效空间,减轻地基负荷。在高层建筑柱结构、建筑物剪力墙和承重墙、桥梁箱梁（尤其是大跨度桥梁）中具有广阔的应用前景。但对于楼板和梁,高强度并不能改变构件的尺寸,高强混凝土并不具有经济优势。

②对于预应力钢筋混凝土构件,高强混凝土由于刚度大、变形小,故可以施加更大的预应力和更早地施加预应力,以及减少因徐变导致的预应力损失。

③高强混凝土致密坚硬,抗渗性、抗冻性、耐磨性等耐久性大大提高。应用在极端暴露条件下的混凝土结构中（如公路、桥面和停车场）,则可大大提高其耐久性。

（2）高强混凝土的不利条件

①高强混凝土对原材料质量要求严格。

②生产、施工各环节的质量管理水平要求高,高强混凝土的质量对生产、运输、浇筑、养护、环境条件等因素非常敏感。

③高强混凝土的延性差、脆性大、自收缩大。

2. 高强度混凝土的配制要求

①选用质量稳定、强度等级不低于42.5的硅酸盐水泥或普通硅酸盐水泥。水泥用量不宜大于550kg/m³;水泥和矿物掺合料的总量不应大于600kg/m³。

②粗集料的最大粒径不宜大于25mm,强度等级高于C80的混凝土,其粗集料的最大粒径不宜大于20mm,并严格控制其针片状颗粒含量、含泥量和泥块含量。细集料的细度模数宜大于2.6,并严格控制其含泥量和泥块含量。混凝土的砂率宜为28%—34%,泵送时的砂

率可为34%—49%。

③配制高强混凝土时,应掺用高效减水剂或缓凝高效减水剂,其品种、掺量应通过试验确定。

④配制高强混凝土时,应该掺用活性较好的掺合料,宜复合使用掺合料,品种、掺量应通过试验确定。

⑤高强混凝土的水胶比为0.25—0.42,强度等级越高,水胶比越低。

⑥当采用三个不同配合比进行混凝土强度试验时,其中一个应为基准配合比,另两个配合比的水胶比,宜较基准配合比分别增加和减少0.02—0.03;高强混凝土设计配合比确定后,还应用该配合比进行不少于6次的重复试验验证,其平均值不应低于配制强度。

三、轻混凝土

体积密度小于1950kg/m³的混凝土称为轻混凝土。轻混凝土又可分为轻集料混凝土、多孔混凝土及无砂大孔混凝土三类。

1. 轻集料混凝土

用轻粗集料、轻细集料(或普通砂)、水泥和水配置而成的轻混凝土称为轻集料混凝土。由于轻集料种类繁多,故混凝土常以轻集料的种类命名。例如:粉煤灰陶粒混凝土、浮石混凝土等。轻集料按来源分为三类:a.工业废渣轻集料(如粉煤灰陶粒、煤渣等);b.天然轻集料(如浮石、火山渣等);c.人工轻集料(如页岩陶粒、黏土陶粒、膨胀珍珠岩等)。

轻集料混凝土的强度等级与普通混凝土相对应,按立方体抗压标准强度划分为LC5.0、LC7.5、LC10、LC15、LC20、LC25、LC30、LC35、LC40、LC45、LC50、LC55和LC60。轻集料混凝土的应变值比普通混凝土大,其弹性模量为同强度等级普通混凝土的50%—70%。轻集料混凝土的收缩和徐变比相应普通混凝土大20%—50%和30%—60%。

许多轻集料混凝土具有良好的保温性能,当其体积密度为100kg/m³时,热导率为0.28W/(m·K);体积密度为1800kg/m³时,热导率为0.87W/(m·K)。轻集料混凝土可作为保温材料、结构保温材料或结构材料。

2. 多孔混凝土

一种不用集料的轻混凝土,内部充满大量细小封闭的气孔,孔隙率极大,一般可达混凝土总体积的85%。它的表观密度一般在300—1200kg/m³之间,热导率为0.08—0.29W/(m·K)。因此,多孔混凝土是一种轻质多孔材料,兼有结构及保温、隔热等功能,同时容易切削、锯解和握钉性好。多孔混凝土可制作屋面板、内外墙板、砌块和保温制品,广泛地应用于工业及民用建筑和管道保温。

根据气孔产生的方法不同,多孔混凝土可分为加气混凝土和泡沫混凝土。加气混凝土在生产上比泡沫混凝土具有更多的优越性,所以生产和应用发展较快。

(1)加气混凝土

加气混凝土是用含钙材料(水泥、石灰)、含硅材料(石英砂、粉煤灰、矿渣、页岩等),以及加气剂为原料,经磨细、配料、浇注、切割和压蒸养护等工序加工而成的。轻质多孔硅酸盐制品加气剂一般采用铝粉,它与含钙材料中的氢氧化钙反应放出氢气,形成气泡,使料浆成为多孔结构。加气混凝土的抗压强度一般为0.5—7.5MPa。

(2)泡沫混凝土

泡沫混凝土是将水泥浆和泡沫剂拌和后形成的多孔保温节能材料。其表观密度多在300—500kg/m³之间,强度不高,仅为0.5—7MPa。通常用氢氧化钠加水拌入松香粉(碱:水:松香=1:2:4),再与溶化的胶液(皮胶或骨胶)搅拌制成松香胶泡沫剂。将泡沫剂加温水稀释,用力搅拌即成稳定的泡沫。然后加入水泥浆(也可掺入磨细的石英砂、粉煤灰、矿渣等硅质材料)与泡沫拌匀,成型后蒸养或压蒸养护即成泡沫混凝土。

3. 无砂大孔混凝土

无砂大孔混凝土是以粗集料、水泥和水配制而成的一种轻混凝土,体积密度为500—1000kg/m³,抗压强度为3.5—10MPa。

无砂大孔混凝土中因无细集料,水泥浆仅将粗集料胶结在一起,所以是一种大孔材料。它具有导热性差、透水性好等特点,也可用作绝热材料及滤水材料。水工建筑中常用其作排水暗管、井壁滤管等。

四、纤维混凝土

纤维混凝土是以混凝土为基体,外掺各种纤维材料而制成的。掺入纤维的目的是提高混凝土的力学性能,如抗拉、抗裂、抗弯、抗冲击等,也可以有效地改善混凝土的脆性。常用的纤维材料有钢纤维、玻璃纤维、石棉纤维、碳纤维和合成纤维等。所用的纤维必须具有耐碱、耐海水、耐气候变化的特性。

在纤维混凝土中,纤维的含量、纤维的几何形状以及纤维的分布情况,对混凝土的性能有重要影响。钢纤维混凝土一般抗拉强度可提高2倍左右,抗冲击强度可提高5倍以上。

纤维混凝土目前主要用于对抗裂、抗冲击性要求较高的工程,如机场跑道、高速公路、桥面面层、管道、屋面板、墙板等。随着纤维混凝土技术的提高、各类纤维性能的改善,在土木建筑工程中将会广泛应用纤维混凝土。

五、防水混凝土

防水混凝土是通过调整混凝土的配合比、掺入外加剂或采用合理的胶凝材料等方法,提高自身密实性、憎水性和抗渗性，以满足抗渗防水要求的一种混凝土。与防水卷材、防水涂料相比，防水混凝土具有以下特点：兼有防水和承重功能，能节约材料，加快施工进度；在结构复杂的情况下施工简便，防水性能可靠；渗漏发生时易于检查和维修；耐久性好；材料来源广，成本较低。

1. 普通防水混凝土

普通防水混凝土通过配合比的设计和调整，改善混凝土内部的孔结构，以提高混凝土自身的密实性，从而达到防水的目的。

2. 外加剂防水混凝土

外加剂防水混凝土通过在混凝土中掺入少量有机或无机外加剂来改善混凝土拌合物的工作性，提高混凝土的密实性和抗渗性，以满足抗渗防水的要求。常用的外加剂包括减水剂、防水剂、引气剂、膨胀剂等。

3. 膨胀水泥防水混凝土

膨胀水泥防水混凝土是以膨胀水泥为胶凝材料配制而成的一种防水混凝土。依靠膨胀水泥自身水化反应过程中的体积膨胀来提高混凝土的密实性，补偿收缩，从而提高混凝土的防水抗渗性能。

六、装饰混凝土

水泥混凝土外观颜色单调、灰暗、呆板，给人以压抑感，装饰性差，于是人们设法在混凝土的表面（混凝土墙面、地面、屋面等）做适当处理，使其产生一定的装饰效果。

装饰效果可以通过选择合适的混凝土材料、浇模材料以及特殊的浇筑技术或者对硬化混凝土表面进行斑纹化表现出来。

混凝土的色彩可以通过使用特殊的水泥或选择彩色集料来获得。

1. 水泥

通过加入一些着色剂来改善水泥颜色，也可使用白水泥配制浅色混凝土或白色混凝土。

2. 着色剂

要得到整体性的彩色混凝土，最常用的方法是在拌合过程中加入色素。色素包括氧化铁（红色、黄色、棕色）、氧化铬（绿色）、氧化钴（蓝色）、石墨（黑色）等。

3. 集料

自然界中有很多彩色石头可以用作混凝土集料，从而获得很好的颜色效果。集料所能获得的颜色种类，比用单纯的色素所能获得的颜色要多得多。其最常见的颜色有白色、棕色和赭石色。

混凝土表面的结构，可以通过模板衬托、露石饰面以及机械抹面等方法获得。

本章小结

普通混凝土是由水泥、粗细集料加水拌合,经硬化而成的一种人造石材。各部分材料的品质决定了混凝土的性能。

水泥的品种与强度等级应根据混凝土工程的特点、所处环境及混凝土的强度等级来确定。粗细集料,尤其是粗集料构成了混凝土的骨架,水泥砂浆填充于空隙中,使混凝土具有一定的密实度。为了使集料具有较小的总表面积和空隙率,应尽可能选用较大的粒径和良好的颗粒级配,同时还应选用合理砂率,这样才能更有效地利用水泥浆,使混凝土不但有较好的和易性,而且有较高的密实度。

为了便于施工,混凝土拌合物应具有良好的和易性(包括流动性、黏聚性和保水性个三方面)。

在施工中,选用适当的原材料,适当增加水泥浆量以及选用合理砂率,可提高混凝土的和易性。

硬化后的混凝土应具有一定的强度,提高水泥的强度等级,采用较小的水胶比并选用适当的粗细集料,均能提高混凝土的强度。为了使混凝土正常硬化,还必须对混凝土在适当的温度和湿度条件下进行养护,并应达到一定的龄期。

硬化后的混凝土还应具有与工程使用环境相适应的耐久性(根据环境条件不同,常包括抗渗性、抗冻性、抗腐蚀性等方面的要求)。提高混凝土的密实度是提高耐久性的一项重要措施。

在混凝土拌合物中,掺入适量外加剂能明显改善混凝土的某种性质,并取得很好的技术经济效果。常用的外加剂有减水剂、早强剂、引气剂、缓凝剂、防冻剂等。

复习思考题

1. 普通混凝土的组成材料有哪些? 其在混凝土中各起什么作用?

2. 粗骨料颗粒的主要技术指标有哪些?

3. 混凝土拌和及养护用水有哪些要求?

4. 什么是混凝土的和易性?

5. 影响和易性的主要因素有哪些?

6. 什么是水灰比? 什么是合理砂率?

7. 影响混凝土实际凝结时间的因素主要有哪些?

8. 混凝土的强度包括哪些,影响混凝土强度的因素有哪些?

9. 如何提高混凝土的强度?

10. 混凝土的养护方法有哪几种?

11. 提高混凝土耐久性的主要措施有哪些?

12. 什么是混凝土的外加剂?

建筑钢材是建筑工程中的重要材料之一,它包括各种型钢:简单截面型钢,如图2-1-1所示的圆钢、方钢、角钢等;复杂截面型钢,如图2-1-2所示的工字钢、槽钢、弯曲型钢等。常见钢产品有钢筋、钢丝、钢板、钢管等,如图2-1-3所示。

钢材具有较高的抗拉、抗压、抗冲击等特性,并能够切割、焊接与衔接,便于装配。钢结构安全可靠,构件自重小,因此广泛地应用于工业与民用建筑中。

圆钢

方钢

角钢

图2-1-1 简单截面型钢

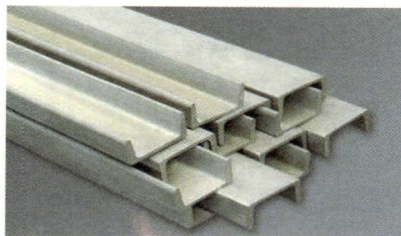
工字钢

槽钢

弯曲型钢

图2-1-2 复杂截面型钢

钢筋 钢丝

钢板 钢管

图2-1-3 常见钢产品

第一节 钢材的简介和分类

　　钢是将炼钢生铁在炼钢炉中熔炼而成的。生铁中含有较多的碳(碳的质量分数常为2%—4.5%)和其他杂质。根据用途不同,生铁有炼钢生铁(断口呈白色,又称白口铁)、铸造生铁(断口呈灰色,又称灰口铁)和合金生铁。在熔炼过程中,除去生铁中含有的过多的碳、硫、磷、硅、锰等成分,使碳的质量分数控制在2%以下,其他成分也尽量除掉或控制在限量之内,即得到了钢材。

　　钢材的特点:强度高,塑性好,韧性良好;工艺性能良好,易于加工;易锈蚀,耐火性差。

　　为了便于掌握和选用,常将钢材以不同方法进行分类。

一、按冶炼方法分类

1. 平炉钢

以固态或液态铁、铁矿石、废钢铁等为原料,以煤气或重油为燃料在平炉中所炼制的钢,称为平炉钢。由于炼制时间长,易控制质量,故钢材质量好。

2. 转炉钢

以熔融状态的铁水为原料,并向炉中吹入高压热空气或氧气,在转炉内所炼制的钢称为转炉钢。在建筑中常用的是向炉中吹入热氧气炼制的氧气转炉钢,它比平炉钢成本低。

在冶炼钢的过程中,由于氧化作用使部分铁被氧化,致使钢质量降低。为使氧化铁还原成金属铁,常在炼钢的后阶段加入硅铁、锰铁或铝锭,其目的是"脱氧"。按脱氧程度不同,钢可分为镇静钢、半镇静钢和沸腾钢。

镇静钢脱氧充分,浇注钢锭时钢水平静,钢的材质致密、均匀、质量好,但成本高。沸腾钢是脱氧不充分的钢,在钢水浇入后,有大量 CO 气体逸出,引起钢水沸腾,故得名为沸腾钢。沸腾钢常含有较多杂质,且致密程度较差,因此品质较镇静钢差。半镇静钢的脱氧程度及钢的质量均介于上述两者之间。

二、按化学成分分类

按钢的化学成分,钢主要分为碳素钢和合金钢两大类。

1. 碳素钢

碳的质量分数小于2%的铁碳合金钢,称为碳素钢。碳素钢除含碳外,还含有限量之内的锰、硫、磷等元素。根据碳在钢中的含量不同,碳素钢可分为:

(1)低碳钢:碳的质量分数小于0.25%。

(2)中碳钢:碳的质量分数为0.25%—0.60%。

(3)高碳钢:碳的质量分数为0.60%—2.0%。

2. 合金钢

在炼钢中,可有意识地向钢中注入一定量的某种或某几种合金元素,如硅、锰、镍、钒、铬、铝等,用以改善钢的某些性质。这种含有一定合金元素的钢,称为合金钢。按照合金元素含量多少,合金钢分为:

(1)低合金钢:合金元素总质量分数小于5%。

(2)中合金钢:合金元素总质量分数为5%—10%。

(3)高合金钢:合金元素总质量分数大于10%。

三、按质量分类

碳素钢及合金钢中,因含有硫、磷、氧、氮、氢等有害杂质,所以降低了钢的质量。根据钢中杂质含量控制程度的不同,钢可分为:

1. 普通钢

磷的质量分数为0.045%—0.085%,硫的质量分数为0.055%—0.065%。

2. 优质钢

磷的质量分数为 0.035%—0.04%，硫的质量分数为 0.03%—0.045%。

3. 高级优质钢

磷的质量分数为 0.035%，硫的质量分数为 0.03%。

四、按用途分类

1. 结构钢：用于各类工程结构。

2. 工具钢：用于各种切削工具等。

3. 特殊钢：具有某种特殊物理化学性质的钢，如耐酸钢、耐热钢、不锈钢等。

目前，在建筑工程中常用的钢种是普通碳素结构钢和普通低合金结构钢。

第二节　钢筋的性能和计算

建筑用钢筋的性能主要包括力学性能、工艺性能及化学性能，在建筑工程中主要考虑钢筋的力学性能和工艺性能。

一、力学性能

1. 拉伸性能

拉伸是建筑钢材的主要受力形式，所以拉伸性能是表示建筑钢材性能和选用钢材的重要指标之一。

标准试件：按照一定的要求，对表面进行车削加工后的试件。

非标准试件：不经过加工，直接在线材上切取的试件。

将低碳钢制成一定规格的标准试件（见图 2-2-1），放在材料试验机上做拉伸试验，可以

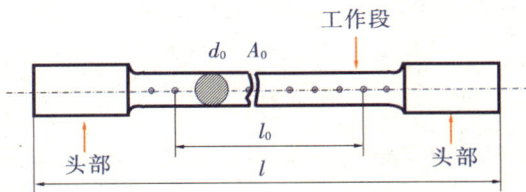

图 2-2-1　标准试件

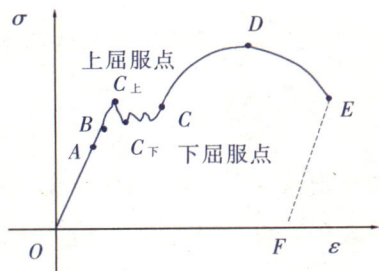

图 2-2-2　低碳钢应力-应变关系曲线
（以下屈服点的应力作为钢材的屈服强度）

绘制出如图2-2-2所示的应力-应变关系曲线。

从图2-2-2中可以看出,低碳钢从受拉至拉断,经历了四个阶段:*OB*——弹性阶段、*BC*——屈服阶段、*CD*——强化阶段、*DE*——颈缩阶段。

（1）弹性阶段（图2-2-3）

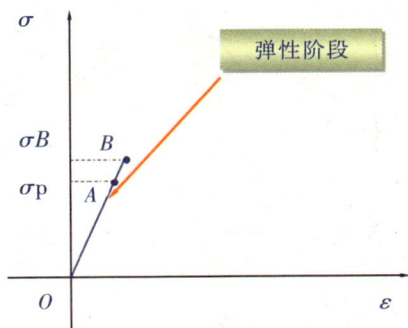

图2-2-3　钢材拉伸弹性阶段示意图

曲线中*OB*段是一条直线,应力与应变成正比。若卸去荷载,应力与应变将成比例地降低回到原点,试件中应力消失,并完全恢复原来形状,此阶段称为弹性阶段。弹性阶段的应力极限值称为弹性极限。在*OB*线上,应力与应变的比值为一常数,称为弹性模量E,$E=\sigma/\varepsilon$,它反映了钢材抵抗弹性变形的能力。

（2）屈服阶段（图2-2-4）

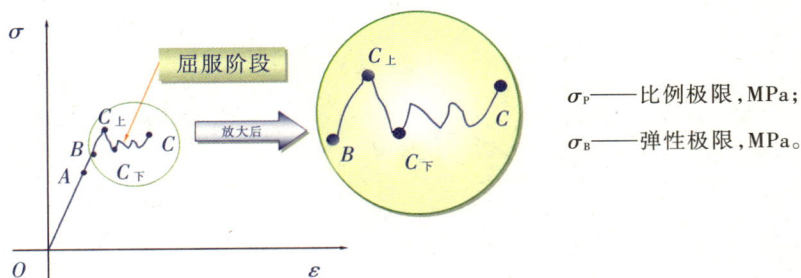

σ_P——比例极限,MPa;

σ_B——弹性极限,MPa。

注:由于*A*、*B*两点相距较近,一般认为$\sigma_P=\sigma_B$。

图2-2-4　钢材拉伸屈服阶段示意图

当应力超过弹性极限后,钢材就失去了抵抗弹性变形的能力,此时应力不增加,应变也会迅速增长,发生了屈服现象,故称*BC*阶段为屈服阶段,并将$C_下$下点的应力σ_s称为屈服极限（或称屈服点）。

钢材受力达到屈服点后,会发生较大的塑性变形,导致结构不能满足使用要求。因此,在设计中以屈服点作为强度的取值依据。

有些钢材,如预应力混凝土用钢丝,无明显屈服点,通常规定以产生塑性变形量达 0.2%的应力值作为屈服点,称为条件屈服点,用 $\sigma_{0.2}$ 表示。

(3)强化阶段(图 2-2-5)

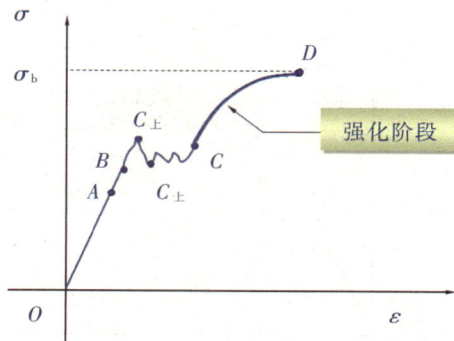

σ_b——抗拉强度或强度极限

图 2-2-5　钢材拉伸强化阶段示意图

屈服阶段后,由于钢材内部组织发生了变化,又提高了抵抗外力的能力,因此称 CD 阶段为强化阶段。直至应力达到最大值,此时钢材承受的最大应力 σ_b 称为强度极限(抗拉强度)。

《混凝土结构工程施工质量验收规范》(GB 50204—2002)规定:钢筋的抗拉强度实测值与屈服强度实测值的比值不应小于 1.25,钢筋的屈服强度实测值与强度标准的比值不应大于 1.3。

(4)颈缩阶段(图 2-2-6)

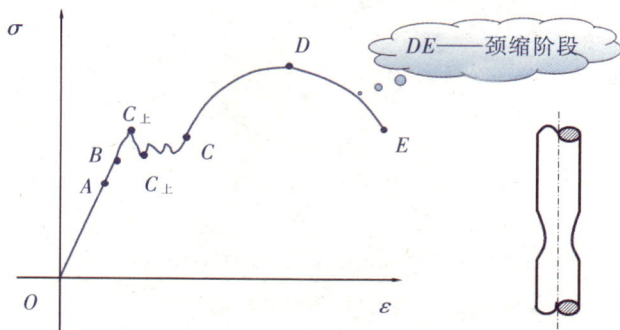

图 2-2-6　钢材拉伸颈缩阶段示意图

当超过 D 点后,试件抵抗变形的能力开始明显降低。变形迅速发展,应力逐渐下降,并在试件的某一部位出现颈缩现象,直至 E 点试件被拉断。

试件被拉断后,按规定方法测定出标距内伸长的长度 ΔL,ΔL 与试件的标距长度 L_0 之比称为伸长率 δ。

试件断口处面积收缩量与原面积之比,称为断面收缩率ψ。δ和ψ都是表示钢材塑性大小的指标。

拉伸过程的参数:

①强度指标。屈服强度:$\sigma_s=F_s/A_0$;抗拉强度:$\sigma_b=F_b/A_0$

②塑性指标。伸长率δ:$\delta=\Delta L/L_0\times100\%$。

钢材在拉伸试验中得到的屈服点σ_s、抗拉强度σ_b和伸长率是确定钢号的主要技术指标。

①硬钢(高碳钢)的拉伸性能(图2-2-7)。

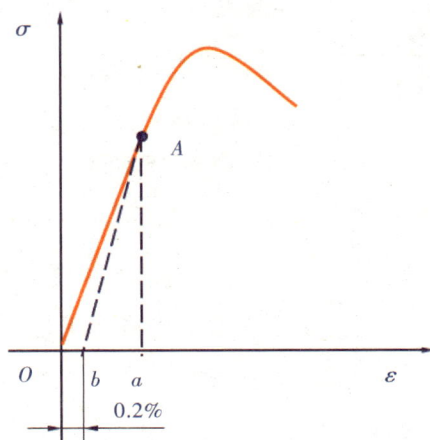

注:Oa——总变形,ba——弹性变形99.8%,Ob——塑性变形0.2%。

图2-2-7　高碳钢应力-应变曲线

硬钢强度高,塑性差,拉伸过程无明显屈服阶段,无法直接测定屈服强度。用条件屈服强度$\sigma_{0.2}$来代替屈服强度。

条件屈服点$\sigma_{0.2}$:使硬钢产生0.2%塑性变形时的应力。

②冲击韧性。

冲击韧性是指在冲击荷载作用下,钢材抵抗破坏的能力。用冲击破断时断口单位面积上消耗的功来表示(单位:J/cm^2)。

钢材的韧性除取决于钢材质量外,还受环境温度的影响。在低温下,钢材会明显变脆,这一性质称为钢材的冷脆性。

在承受动荷载或在低温下工作的结构(如吊车梁、桥梁等),应按规范要求检验钢材的冲击韧性。

2. 工艺性能

冷弯性能和可焊性能是建筑钢材的重要工艺性能。

（1）冷弯性能

冷弯性能是指钢材在常温下承受弯曲变形的能力。冷弯试验（图2-2-8）是模拟钢材弯曲加工而确定的。

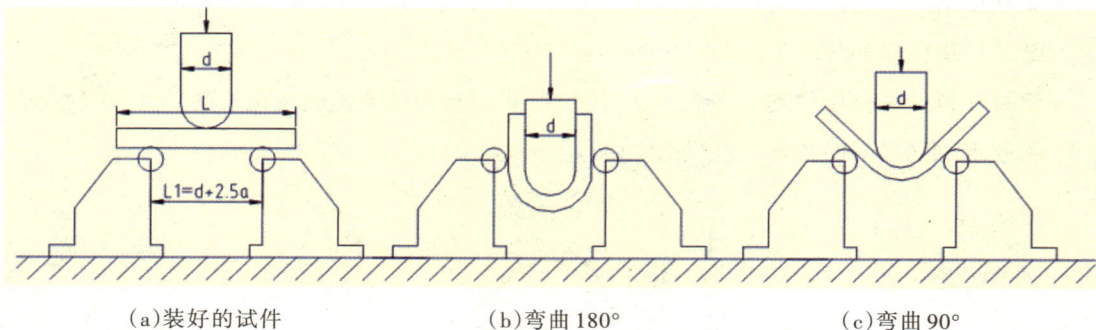

（a）装好的试件　　　　　　（b）弯曲180°　　　　　　（c）弯曲90°

图2-2-8　钢筋冷弯试验

将钢材按规定的弯曲角度（$\alpha=180°$或$\alpha=90°$）与弯心直径d相对于钢材厚度或直径a的比值$n=d/a$进行弯曲，并检查受弯部位的外面及侧面，若未发生裂纹、起层或裂断，则为合格。可见，弯曲角度越大，n值越小，则表示钢材的冷弯性能越好。

对于弯曲成型的钢材和焊接结构的钢材，其冷弯性能必须合格。

（2）焊接性能

建筑工程中，无论是钢结构还是钢筋混凝土结构的钢筋骨架、接头、预埋件等，绝大多数都是以焊接方式连接的，这就要求钢材具有良好的焊接性能。

焊接性能是指钢材是否能够适应通常的焊接方法与工艺的性能。焊接性能好的钢材易于用焊接方法和工艺施焊，焊口处不易形成裂纹、气孔、夹渣等缺陷，焊口处的强度与母体相近。

钢材焊接性能的好坏，主要取决于钢的化学成分，即碳及合金元素的含量。有害元素硫、磷也会明显降低钢的焊接性能。焊接性能较差的钢，焊接时要采取特殊的焊接工艺。

二、钢筋的理论重量计算

钢材的理论重量计算的计量单位为千克（kg）。其基本公式为：

W（重量，kg）$=F$（断面积，m²）$\times L$（长度，m）$\times \rho$（密度，g/cm³）$\times 1000$

钢的密度为7.85g/cm³。

螺纹钢理论重量计算公式为：$W=0.00617\times d^2$（kg/m）

其中，d为断面直径（单位：mm）。如断面直径为12mm的螺纹钢，$W=0.00617\times144=0.888$（kg/m）。

钢筋的理论重量如表2-2-1所示。

表 2-2-1　钢筋的理论重量

序　号	公称直径/mm	理论重量/(kg/m)
1	6	0.222
2	8	0.395
3	10	0.617
4	12	0.888
5	14	1.210
6	16	1.580
7	18	2.000
8	20	2.470
9	22	2.98
10	25	3.850
11	28	4.830
12	32	6.310
13	36	7.990
14	40	9.870
15	50	15.420

第三节　钢材的化学成分对性能的影响

碳素钢的主要化学成分除铁和碳外,还含有少量的锰、硅、硫、磷、氧、氮等其他元素。合金钢是在碳素钢的基础上加规定量的一种或多种合金元素制成的。各种元素对钢的性能有一定的影响。为了保证质量,在国家标准中对各类钢的化学成分都做了严格的规定。

一、碳

碳是决定钢材性质的主要元素。当碳的质量分数低于 0.8% 时,随着含碳量的增加,钢的抗拉强度和硬度提高,而塑性、断面收缩率及韧性降低。同时,碳还将使钢的冷弯、焊接及抗腐蚀等性能降低,使钢的冷脆性和时效敏感性增加。

二、磷、硫

与碳相似,磷、硫能使钢的屈服点和抗拉强度提高,塑性和韧性下降,冷脆性显著增加。磷的偏析较严重,焊接时焊缝容易产生冷裂,所以磷是降低钢材可焊性的元素之一。但磷可使钢材的强度、腐蚀性提高。

硫在钢材中以 FeS 的形式存在,在钢的热加工时易引起钢的脆裂,称为热脆性。硫的存在还使钢的冲击韧度、疲劳强度、可焊性及耐蚀性降低,因此硫的含量要严格控制。

三、氧、氮

氧、氮也是钢中的有害元素,能显著降低钢的塑性、韧性以及冷弯性能和可焊性。

四、硅、锰

硅和锰是在炼钢时为了脱氧去硫而有意加入的元素,是钢的主要合金元素,质量分数在1%以内时,可提高钢的强度,对钢的塑性和韧性没有明显影响;但质量分数超过1%时,可使钢的冷脆性增加,可焊性变差。锰能消除钢的热脆性,改善钢的热加工性能。锰还能使有害物质形成 MnO、MnS 而进入钢渣中,其余的锰溶于铁素体中,从而显著提高钢的强度。但锰的质量分数不得大于1%,否则会降低钢的塑性及韧性,使钢的可焊性变差。

五、铝、铁、钒、铌

以上元素均是炼钢时的强脱氧剂,适量加入钢内可改善钢的组织,细化晶粒,显著提高钢的强度和改善钢的韧性。

第四节　建筑钢材的标准及应用

建筑钢材可分为钢筋混凝土结构用钢筋和钢结构用钢材两类。目前混凝土结构用钢筋主要有热轧钢筋、冷拉热轧钢筋、冷拔低碳钢丝、冷轧带肋钢筋、冷轧扭钢筋、热处理钢筋和预应力混凝土用钢丝及钢绞线等。

一、混凝土结构用钢筋

1. 热轧钢筋

混凝土结构用热轧钢筋应有较高的强度,并具有一定的塑性、韧性和可焊性。

热轧钢筋主要有用 Q235 轧制的光圆钢筋和用合金钢轧制的带肋钢筋两类。

为使我国钢筋标准与国际接轨,《钢筋混凝土用钢》(GB 1499.2—2007)规定,普通热轧带肋钢筋的牌号由 HRB 和牌号的屈服点最小值构成。H、R、B 分别为热轧、带肋、钢筋三个词的英文首位字母(H、R、B 分别表示余热处理、带肋、钢筋)。普通热轧带肋钢筋分为 HRB335、HRB400、HRB500 三个等级。标准增加了细晶粒热轧钢筋,分为 HRBF335、HRBF400、HRBF500 三个等级。为更好地满足建筑功能的要求,对混凝土结构材料的要求趋向高强度(轻质)、良好的工程性能(可加工性等)和耐久性。混凝土从常用的 C20—C30 发展到 C40—C60,甚至更高,钢筋的抗拉强度从几百兆帕发展到上千兆帕。但必须在相应条件下,采用高强材料才会有更好的建筑功能效果和显著的经济效益。

由表 2-4-1 可知,不同强度级别的钢筋仍是混凝土结构所必不可少的钢种,尤其是根据我国的实际情况,仍需大量碳素结构钢,特别是小直径的圆盘条,仍是技术成熟、经济性较好的钢筋品种。因此,不能以强度级别或某项性能指标作为选择钢筋的唯一标准。

表 2-4-1　混凝土结构常用钢筋强度等级

标　准	牌　号	屈服强度/(N/mm²)	抗拉强度/(N/mm²)	伸长率/%
《钢筋混凝土用钢》 (GB 1499.1—2008)	HPB235 HPB300	≥235 ≥300	≥370 ≥420	$\delta_5 \geq 25$
《钢筋混凝土用钢》 (GB 1499.2—2007)	HRB335 HRBF335	≥335	≥455	$\delta_5 \geq 17$
	HRB400 HRBF400	≥400	≥540	$\delta_5 \geq 16$
	HRB500 HRBF500	≥500	≥630	$\delta_5 \geq 15$

根据不同的划分标准,钢筋有不同的分类或定义。与混凝土结构设计直接相关的是,按屈服强度和抗拉强度分为 235MPa、300MPa、335MPa、400MPa、500MPa 级热轧钢筋,强度等级代号为 HPB235、HPB300、HRB335、HRB400、HRB500,级别愈大强度愈高。而按钢筋的塑性不同可分为"硬钢"和"软钢",按生产方式不同可分为冷加工钢筋和热轧钢筋。

钢筋的弯曲性能测定:按表 2-4-2 规定的弯心直径弯 180°后,钢筋受弯曲部位表面不得产生裂纹。

表 2-4-2　钢筋的弯曲性能

牌　号	公称直径 d/mm	弯曲试验弯心直径
HRB335	6—25 28—50	3a 4a
HRB400	6—25 28—50	4a 5a
HRB500	6—25 28—50	6a 7a

2. 冷加工钢筋

一般将热轧钢筋经机械方式冷加工而制成的钢筋都称为冷加工钢筋。

(1)冷拉钢筋

热轧钢筋经冷拉和时效处理后,屈服点和抗拉强度提高了,但塑性、韧性有所降低。为了保证冷拉钢筋质量,不使冷拉钢筋脆性过大,冷拉操作应采用双控法,即控制冷拉率和冷拉应力,若冷拉至控制应力而未超过控制冷拉率,则属合格;若达到控制冷拉率而未达到控制应力,则钢筋应降级使用。

在低温、冲击荷载作用下冷拉钢筋会发生脆断,所以不宜使用。实践中,可将冷拉、除锈、调直、切断合并为一道工序,这样既简化工艺流程,提高效率,又可以节约钢材,故其是钢筋冷加工的常用方法之一。

(2)冷拔低碳钢丝

将直径为 6.5—8mm 的 Q235 圆盘条,在常温下通过截面小于钢筋截面的钨合金拔丝模,以强力拉拔工艺拔制成直径为 3mm、4mm 或 5mm 的圆截面钢丝,称为冷拔低碳钢丝。

冷拔低碳钢丝按力学性能分为甲级和乙级两种。甲级钢丝为预应力钢丝,按其抗拉强度分为 I 级和 II 级,适用于一般工业与民用建筑中的中小型冷拔钢丝先张法预应力构件的设计与施工。乙级为非预应力钢丝,主要用作焊接骨架、网架,以及焊接立筋、箍筋和构造钢筋。

对于直接承受动荷载作用的构件,如吊车梁、受振动荷载的楼板等,在无可靠试验或实践经验时,不宜采用冷拔钢丝预应力混凝土构件。处于侵蚀环境或高温下的结构,不得采用冷拔钢丝预应力混凝土构件。

(3)冷轧带肋钢筋及冷轧扭钢筋

①冷轧带肋钢筋。

热轧圆盘条经冷轧后,在其表面带有沿长度方向均匀分布的三面或两面横肋,即成为冷轧带肋钢筋。钢筋冷轧后允许进行低温回火处理。根据国家标准《冷轧带肋钢筋》(GB 13788—

2008)的规定,冷轧带肋钢筋按抗拉强度分为 CRB550、CRB650、CRB800、CRB970 等四个牌号。C、R、B 分别为冷轧、带肋、钢筋三个词的英文首位字母,数值为抗拉强度的最小值。与冷拔低碳钢丝相比,冷轧带肋钢筋具有强度高、塑性好、与混凝土黏结牢固、节约钢材、质量稳定等优点。CRB550 宜用在普通钢筋混凝土结构中,其他牌号宜用在预应力混凝土中。

②冷轧扭钢筋。

冷轧扭钢筋目前已统一了规格型号,优化了性能指标,制定了《冷轧扭钢筋混凝土构件技术规程》(JGJ 115—2006)和《冷轧扭钢筋》(JG 190—2006)等标准。

冷轧扭钢筋是低碳钢热轧圆盘条专用钢筋,经冷轧扭机调直、冷轧并冷扭一次成型,具有规定的截面形状和节距的连续螺旋状钢筋。

冷轧扭钢筋的型号标记由产品名称的代号、特性代号、主参数代号和改型代号四部分组成。

二、钢结构用钢材

钢结构建筑对钢材的质量、品种、规格和功能有特定的要求。根据国际和国内有关建筑钢结构的技术标准,用量比较大的钢材有以下几种。

在材质方面,国产 Q235、Q345 的普通碳素钢和低合金钢,日本产 S5400 和 SM490 钢,美国产 A36、A572、Cr50 钢等均普遍使用。

在板材方面,各类彩板、镀锌板、BHP 板材,在建筑钢结构中使用广泛。建筑钢结构的主柱、箱形柱梁等大量使用中厚板。

在各类型钢方面,H 型钢、薄型 C 型钢、T 型钢、Q345 桥钢以及工字钢、槽钢、角钢等,在钢结构中大量采用,特别是 H 型钢采用更为广泛。

1. 普通碳素结构钢

普通碳素结构钢简称碳素结构钢,包括一般结构钢和工程用热轧钢板、钢带、型钢等。现行国家标准《碳素结构钢》(GB/T 700—2006)规定:碳素结构钢按屈服点的数值分为 195MPa、215MPa、235MPa、255MPa、275MPa 等五种;按硫、磷杂质的含量由多到少分为 A、B、C、D 四个质量等级;按照脱氧程度不同分为特殊镇静钢(TZ)、镇静钢(Z)和沸腾钢(F)。钢的牌号由代表屈服点的字母 Q、屈服点数值、质量等级和脱氧程度等四个部分按顺序组成。对于镇静钢和特殊镇静钢,在钢的牌号中予以省略。例如:Q235-A.F 表示屈服点为 235MPa 的 A 级沸腾钢;Q235-C 表示屈服点为 235MPa 的 C 级镇静钢。

钢材随钢号的增大,碳含量增加,强度和硬度相应提高,而塑性和韧性则降低。

建筑工程中应用广泛的是 Q235 钢。其碳的质量分数为 0.14%—0.22%,属低碳钢,具有较高的强度,良好的塑性、韧性及可焊性,综合性能好,能满足一般钢结构和钢筋混凝土用钢要求,且成本较低。在钢结构中主要使用Q235钢轧制成的各种型钢。

Q195钢、Q215钢,强度低,塑性和韧性较好,易于冷加工,常用于制作钢钉、铆钉、螺栓及铁丝等。Q215钢经冷加工后可代替Q235钢使用。

Q275钢,强度较高,但塑性和韧性较差,可焊性也差,不易焊接和冷弯加工,可用于轧制钢筋螺栓配件等,但更多地用于制作机械零件和工具等。

2. 低合金高强度结构钢

低合金高强度结构钢是在碳素结构钢的基础上,添加少量的一种或几种合金元素(总质量分数小于5%)而制成的一种结构钢。尤其近年来采用钢、钒、钛及稀土金属微合金化技术,不但大大提高了钢的强度,改善了钢的各项物理性能,而且降低了钢的成本。

根据国家标准《低合金高强度结构钢》(GB/T 1591—2008)的规定,低合金高强度结构钢共有八个牌号,所加元素主要有锰、硅、钒、钛、铌、铬、镍及稀土元素。其牌号的表示方法由屈服点字母Q、屈服点数值、质量等级(分A、B、C、D、E五个等级)三部分组成。

在钢结构中,常采用低合金高强度结构钢轧制型钢、钢板,用于建造桥梁、高层建筑及大跨度建筑。

3. 钢结构用型钢、钢板

钢结构构件一般应直接选用各种型钢,构件之间可直接或附连接钢板进行连接。连接方式有铆接、螺栓连接和焊接。

型钢有热轧成型和冷轧成型两种。钢板也有热轧(厚度为0.35—200mm)和冷轧(厚度为0.2—5mm)两种。

(1)热轧型钢

热轧型钢有H型钢、T型钢、工字钢、槽钢、角钢、Z型钢、U型钢等。

我国建筑用热轧型钢主要采用碳素结构钢Q235-A(碳的质量分数为0.14%—0.22%)。热轧型钢的标记方式为一组符号,包括型钢名称、横断面主要尺寸、型钢标准号及钢号与钢种标准等。例如,用碳素结构钢Q235-A轧制的,尺寸为160m×160mm的等边角钢,其标志为

热轧等边角钢 $\dfrac{160 \times 160 \times 16 - GB/T\ 9787 - 1988}{Q235 - A - GB/T\ 700 - 2006}$。

(2)冷弯薄壁型钢

通常用厚度为2—6mm的薄钢板冷弯或模压而成,有角钢、槽钢等开口薄壁型钢及方形、矩形等空心薄壁型钢,主要用于轻型钢结构。其标记方法与热轧型钢相同。

(3)钢板、压形钢板

用光面轧辊机轧制成的扁平钢材,以平板状态供货的称为钢板,以卷状供货的称为钢带。按轧制温度不同,钢板分为热轧和冷轧两种。按厚度不同,热轧钢板分为厚板(厚度大

于4mm)和薄板(厚度为0.35—4mm)两种;冷轧钢板只有薄板(厚度为0.2—4mm)一种。

建筑用钢板及钢带主要是碳素结构钢。一些重型结构、大跨度桥梁、高压容器等也采用低合金钢板。

薄钢板经冷压或冷轧而成波形、双曲形、V形等形状,称为压形钢板。彩色钢板、镀锌薄钢板、防腐薄钢板等都可用于制作压形钢板,其特点是质量轻、强度高、抗震性能好、施工快、外形美观等,主要用于围护结构、楼板、屋面等。

第五节　建筑钢材的锈蚀和保管

一、钢材的锈蚀

钢材的锈蚀指钢的表面与周围介质发生化学反应而遭到破坏。锈蚀可发生于许多引起锈蚀的介质中,如湿润空气、土壤、工业废气等。温度升高,锈蚀加速。锈蚀不仅使钢材的有效截面积减小,浪费钢材,而且会形成程度不等的锈坑、锈斑,造成应力集中,加速结构破坏。若受到冲击荷载、循环交变荷载作用,将产生锈蚀疲劳现象,使钢材的疲劳强度大大降低,甚至出现脆性断裂。

根据钢材表面与周围介质的不同作用,锈蚀可分为以下两类。

1. 化学锈蚀

钢材表面与周围介质直接发生化学反应而产生的锈蚀称为化学锈蚀。这种锈蚀的原因多数是氧化作用,使钢材表面形成疏松的氧化物。在常温下,钢材表面形成一薄层钝化能力很弱的氧化保护膜FeO。在干燥环境条件下,锈蚀发展缓慢;但在温度或湿度较高的环境条件下,这种锈蚀发展很快。

2. 电化学锈蚀

由于金属表面形成原电池而产生的锈蚀称为电化学锈蚀。建筑钢材在存放和使用中发生的锈蚀主要属于这一类。钢材本身含有铁、碳等多种成分,由于这些成分的电极电位不同,形成许多微电池。在潮湿空气中,钢材表面将覆盖一层薄的水膜。在阳极区,铁被氧化成Fe^{2+}进入水膜,因为水中溶有空气中的氧,故在阴极区氧将被还原为OH^-,两者结合成为不溶于水的$Fe(OH)_2$,并进一步氧化成为疏松且易剥落的红棕色铁锈$Fe(OH)_3$。

二、防止钢材锈蚀的措施

1. 保护层

在钢材表面施加保护层,使其与周围介质隔离,从而防止锈蚀。保护层可分为两大类:

非金属保护层和金属保护层。

非金属保护层是在钢材表面涂刷有机或无机物质。钢结构防锈常用的方法是在表面刷漆,常用底漆有红丹、环氧富锌漆、铁红环氧底漆等,面漆有调和漆、醇酸磁漆等。此方法简单易行,但不耐久。此外,还可采用塑料保护层、沥青保护层及搪瓷保护层等。

金属保护层是用耐蚀性较强的金属,以电镀或喷镀的方法覆盖在钢材表面,如镀锌、镀锡、镀铬等。

2. 制成合金钢

钢材的化学成分对耐锈蚀性有很大的影响。如在钢中加入合金元素铬、镍、钛、铜制成不锈钢,可以提高耐锈蚀的能力。

3. 混凝土配筋的防锈措施

钢筋混凝土配筋的防锈,主要根据结构的性质和所处的环境条件等来确定。考虑到混凝土的质量要求,主要是限制水灰比和水泥用量,加强施工管理,保证混凝土的密实度,保证足够的保护层厚度,限制氯盐外加剂的掺加量,以及保证混凝土一定的碱度等;还可掺用阻锈剂。

三、建筑钢材的运输、贮存

建筑钢材由于重量大、长度长,运输前必须了解所运建筑钢材的长度和单捆重量,以便安排运输车辆和吊车。钢材的化学成分对耐锈蚀性有很大的影响。

建筑钢材应按不同的品种、规格分别堆放。在条件允许的情况下,建筑钢材应尽可能存放在库房或料棚内(特别是有精度要求的冷拉、冷拔等钢材);若采用露天存放,则场地应选择地势较高而又平坦的地面,经平整、夯实、预设排水沟道,安排好垛底后方可使用。为避免因环境潮湿而引起的钢材表面锈蚀现象,雨雪季节建筑钢材要用防雨材料覆盖。

施工现场堆放的建筑钢材应注明"合格""不合格""在检""待检"等产品质量状态,注明钢材生产企业名称、品种规格、进场日期及数量等内容,并以醒目标志标明,工地应有专人负责建筑钢材收货和发料。

本章小结

钢材是在严格控制下冶炼出的一种铁碳合金,按组成不同,分为碳素钢和合金钢两类,建筑上常用的是普通碳素结构钢和普通低合金结构钢。建筑钢材作为主要结构材料,应具有良好的技术性能。

通过拉伸试验可测得钢材的一系列力学性能。在低温及动荷载下工作的结构,还应检验钢材的冲击韧性。

钢材的工艺性能,即可加工性,主要包括冷弯性能及可焊性。冷弯性能可反映钢的可塑性大小。钢材的化学成分是影响性能的内在因素,其中碳是影响钢材性能的主要元素。硫和磷为钢中的有害元素,硫会使钢具有热脆性,磷会使钢具有冷脆性,它们的存在会使钢的各项性能变坏。建筑钢材按用途分为钢筋混凝土用钢和钢结构用钢,它们主要是用碳素结构钢和低合金结构钢制成的。

复习思考题

一、填空题

1. ＿＿＿＿＿＿＿＿是指建筑工程中所用的各种钢材。

2. 建筑钢材按化学成分分为＿＿＿＿＿＿、＿＿＿＿＿＿。

3. 钢按脱氧程度分为＿＿＿＿＿＿、＿＿＿＿＿＿、＿＿＿＿＿＿、＿＿＿＿＿＿。

4. ＿＿＿＿＿＿＿＿是指钢材表面局部体积内抵抗变形或破坏的能力。

5. 钢材的工艺性能包括＿＿＿＿＿＿、＿＿＿＿＿＿。

6. 低合金钢在拉伸过程中,其应力应变的变化规律分为四个阶段,它们分别是＿＿＿＿＿、＿＿＿＿＿＿、＿＿＿＿＿＿和 ＿＿＿＿＿＿。

7. 碳素结构钢牌号的含义是:Q表示＿＿＿＿＿＿,Q后面的数字表示＿＿＿＿＿＿;数字后的A、B、C、D表示＿＿＿＿＿＿;牌号末尾的"F"表示＿＿＿＿＿＿;末尾是"b",则表示＿＿＿＿＿＿。

二、判断题

1. 沸腾钢是用强脱氧剂,脱氧充分、液面沸腾,故质量好。　　　　　　　（　　）

2. 钢材经冷加工强化后其屈服点、抗拉强度、弹性模量均提高了,塑性降低了。（　　）

3. 质量等级为A级的钢,一般仅适用于静荷载作用的结构。　　　　　（　　）

4. 钢材防锈的根本方法是防止潮湿和隔绝空气。　　　　　　　　　（　　）

5. 热处理钢筋因强度高,综合性能好,质量稳定,故最适于普通钢筋混凝土结构。（　　）

6. 钢材的屈强比越大,表示使用时的安全度越高。　　　　　　　　（　　）

7. 碳素钢的牌号越大,其强度越高,塑性越好。　　　　　　　　　（　　）

8. 对钢材冷拉处理,是为提高其强度和塑性。　　　　　　　　　　（　　）

9. 钢筋牌号HRB335中335指钢筋的极限强度。　　　　　　　　　（　　）

10. 钢材冷拉是指在常温下钢材拉断,以伸长率作为性能指标。　　　（　　）

三、单项选择题

1. 钢筋经冷拉和时效处理后,其性能的变化中,以下何种说法是不正确的?（　　）

A. 屈服强度提高 　　　　　　　　　B. 抗拉强度提高

C. 断后伸长率减小 　　　　　　　　D. 冲击吸收功增大

2. HRB335 表示(　　)钢筋。

　　A. 冷轧带肋 　　　　　　　　　　B. 热轧光面

　　C. 热轧带肋 　　　　　　　　　　D. 余热处理

3. 在钢结构中常用(　　)，轧制成钢板、钢管、型钢来建造桥梁、高层建筑及大跨度钢结构建筑。

　　A. 碳素钢 　　　　　　　　　　　B. 低合金钢

　　C. 热处理钢筋 　　　　　　　　　D. 冷拔低碳钢丝

4. 钢材中(　　)的含量过高，将导致其热脆现象发生。

　　A. 碳 　　　　　　B. 磷 　　　　　　C. 硫 　　　　　　D. 硅

5. 钢结构设计中，钢材强度取值的依据是(　　)。

　　A. 屈服强度 　　　　B. 抗拉强度 　　　　C. 弹性极限 　　　　D. 屈强比

6. 屈强比是指(　　)。

　　A. 屈服强度与强度之比 　　　　　B. 屈服强度与抗拉强度之比

　　C. 断面收缩率与伸长率之比 　　　D. 屈服强度与伸长率之比

7. 钢的冷脆性直接受(　　)的影响。

　　A. 断面收缩率 　　　　　　　　　B. 冷弯性能

　　C. 冲击韧性 　　　　　　　　　　D. 所含化学元素

8. 钢和铁以含碳量分数(　　)为界，小于此值为钢，大于此值为铁。

　　A. 0.25% 　　　　B. 0.8% 　　　　C. 1.0% 　　　　D. 2.0%

9. 工程用碳素钢，其含碳量均为(　　)。

　　A. 小于 0.25% 　　　　　　　　　B. 小于 0.52%

　　C. 小于 0.6% 　　　　　　　　　D. 大于 0.25%，小于 0.52%

10. 钢筋拉伸试验一般应在(　　)温度条件下进行。

　　A. 23℃±5℃ 　　　　B. -35℃ 　　　　C. -40℃ 　　　　D. 10—35℃

四、简答题

1. 防止钢材锈蚀的措施有哪些？

2. 钢材锈蚀的原因是什么？

3. 磷、硫对钢材的影响有哪些？

第三章
建筑砂浆

砂浆是由胶结材料、细骨料和水,有时也掺入某些外掺材料,按一定比例配合调制而成的。与混凝土相比,砂浆无粗骨料,所以又可以将其看作是一种细骨料混凝土。

第一节　砌筑砂浆

一、建筑砂浆的组成材料

1. 胶凝材料

建筑砂浆常用普通水泥、矿渣水泥、火山灰水泥等来配制,水泥等级(28d抗压强度指标值,以MPa计)应为砂浆强度等级的4—5倍。由于砂浆强度不高,所以一般选用中、低等级的水泥即能满足要求。若水泥等级过高,则可加些混合材料,如粉煤灰等,以节约水泥用量。对于特殊用途的砂浆,可选用特种水泥(如膨胀水泥、快硬水泥等)和有机胶凝材料(如合成树脂、合成橡胶等)。

石灰、石膏和黏土亦可作为砂浆胶凝材料,与水泥混用配制混合砂浆,如水泥石灰砂浆、水泥黏土砂浆等,用以节约水泥并改善砂浆的和易性。上述胶凝材料由于使用时通常为膏状,所以只能用于传统的现场拌制砂浆。

2. 细骨料

建筑砂浆用砂应符合混凝土用砂的技术性能要求。由于砂浆层往往较薄,故对砂子最大粒径有所限制。用于毛石砌体的砂浆,砂子最大粒径应小于砂浆层厚度的1/4—1/5;用于砖砌体的砂浆,宜用中砂,其最大粒径不大于2.5mm;光滑表面的抹灰及勾缝砂浆,宜选用细砂,其最大粒径不大于1.2mm。砂的含泥量对砂浆的水泥用量、和易性、强度、耐久性及收缩值等均有影响。当砂浆强度等级等于或大于5.0MPa时,要求砂的含泥量不得超过5.0%;对于强度等级在5.0MPa以下的砂浆,砂的含泥量不得超过10.0%。

3.掺合料

在施工现场为改善砂浆的和易性,节约胶凝材料用量,降低砂浆成本,在配制砂浆时可掺入石灰膏、电石膏、粉煤灰(图3-1-1)、黏土膏等掺合料。

图3-1-1 粉煤灰

4.水

拌制砂浆用水与混凝土拌合用水的要求相同,应采用洁净、无油污和硫酸盐等杂质的可饮用水。为节约用水,经化验分析或试拌验证合格的工业废水也可用于拌制砂浆,但均须满足《混凝土拌合用水标准》(JGJ 63—1989)的规定。

5.外加剂及其他材料

为改善砂浆的和易性、保温性、防水性、抗裂性等性能,常在砂浆中掺入外加剂。水泥黏土砂浆中不得掺入有机塑化剂。

若掺入塑化剂(微沫剂、减水剂、泡沫剂等),可以提高砂浆的和易性、抗裂性、抗冻性及保温性,减少用水量,还可以代替大量石灰。塑化剂有皂化松香、纸浆废液、硫酸盐酒精废液等。掺量由试验确定。

若掺入石棉纤维、玻璃纤维等材料,可以提高砂浆的抗拉强度和抗裂性。

若掺入膨胀珍珠岩或引气剂等,可以提高砂浆的保温性。

若掺入防水剂,可以提高砂浆的防水性和抗渗性等。

若掺入氯化钠、氯化钙,可以提高冬季施工砂浆的抗冻性。

二、砌筑砂浆的技术性质

砌筑砂浆的技术性质,主要包括新拌砂浆的和易性,硬化后砂浆的强度、黏结性、抗冻性和收缩值等。

1.新拌砂浆的和易性

新拌砂浆必须具备良好的和易性,即砂浆在搅拌、运输、摊铺过程中易于流动,且不泌水、不分层,并能在粗糙的砖石表面铺抹成均匀的薄层,与底层良好黏结。和易性包括流动性和保水性两个方面。

(1)流动性

砂浆的流动性(稠度)是指砂浆在重力或外力的作用下流动的性能。流动性良好的砂浆能在砖石表面铺成均匀密实的砂浆层,抹面时也能很好地抹成均匀的薄层。

影响砂浆流动性的因素有胶凝材料和掺合料的品种及掺量,用水量,塑化剂掺量,砂的细度、级配、表面特征及搅拌时间等。砂浆流动性的大小用沉入度表示,通常用砂浆稠度测定仪来测定,如图3-1-2所示。沉入度是指标准试锥在砂浆内自由下沉10s时沉入的深度,单位为mm。沉入度越大,说明砂浆越稀,流动性越好。但是过稀的砂浆容易泌水,而过稠的砂浆施工操作困难。

砂浆流动性的选择与砌体基材、施工方法及气候有关。砌筑多孔吸水材料或天气干热时,砂浆流动性应该大一些;砌筑密实不吸水材料或天气潮湿时,砂浆流动性应小一些。实际施工时,可根据经验来拌制,并应符合《砌体工程施工及验收规范》(GB 50203—1998)的规定,如表3-1-1所示。

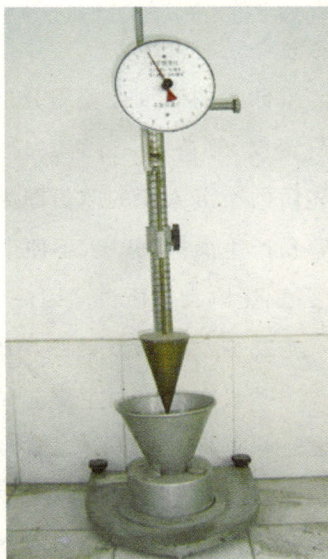

图3-1-2　砂浆稠度测定仪

表3-1-1　砌筑砂浆沉入度的选择

砌体种类	砂浆稠度/mm
烧结普通砖砌体	70—90
轻骨料混凝土小型空心砌块砌体	60—90
烧结多孔砖、空心砖砌体	60—80
烧结普通砖平拱式过梁	50—70
空斗墙、筒拱	
普通混凝土小型空心砌块砌体	
加气混凝土砌块砌体	
石砌体	30—50

(2)保水性

砂浆的保水性是指新拌砂浆保持内部水分不流出的能力,也可反映砂浆中各组分材料不易分离的性质。保水性好的砂浆在运输停放和施工过程中,水分不易从砂浆中离析,砂浆能保持一定的稠度,使砂浆在施工中能均匀地摊铺在砌体上,形成均匀密实的连接层。保水性不好的砂浆在运输、停放及使用过程中容易泌水,砌筑时水分容易被基层吸收,使砂浆变得干涩,难于铺摊均匀,从而影响砂浆的正常硬化,最终降低砌体的质量。影响砂浆保水性的主要因素有:胶凝材料的种类及用量、掺合料的种类及用量、砂的质量及外加剂的品种和掺量等。

砂浆的保水性是用分层度来表示的。将砂浆搅拌均匀后先测其沉入度,再装入分层度测定仪,等待30min后,去掉上部2/3(约200mm厚)的砂浆,再测定余下1/3砂浆的沉入度。先后两次沉入度的差值即为分层度,单位为mm。分层度大于30mm时,砂浆的保水性不好,容易产生离析、分层,不便于施工;但分层度过小,接近于零时,水泥浆量多,砂浆易产生干缩裂缝,影响砌体质量。因此,砂浆的分层度一般控制在10—30mm之间。

2. 硬化后砂浆的强度及强度等级

砂浆在砌体中主要起黏结和传递荷载的作用,所以应具有一定的强度。砂浆的抗压强度是根据标准立方体试件(70.7mm×70.7mm×70.7mm)6块一组,在标准条件下养护至28d的抗压强度值来确定的。标准养护条件的温度为(20±2)℃,湿度要求与砂浆的种类有关,水泥砂浆试件要求相对湿度在90%以上,混合砂浆试件要求相对湿度为60%—80%。根据砂浆的抗压强度标准值,可将砌筑砂浆分为M20、M15、M10、M7.5、M5.0、M2.5六个强度等级。

影响砂浆抗压强度的因素有很多,如材料的性质、砂浆配比、施工质量等。此外,砂浆强度还受基层材料吸水性的影响。当基层为不吸水的材料(如致密的石材)时,砂浆的抗压强度与混凝土相似,主要取决于水泥强度和水灰比。其关系式如下:

$$f_{m,0} = Af_{ce}\left(\frac{C}{W} + B\right)$$

式中:$f_{m,0}$——砂浆28d抗压强度,MPa;

f_{ce}——水泥28d实测抗压强度,MPa;

A、B——系数,可根据试验资料统计确定;

C/W——灰水比。

当基层为吸水材料(如砖或其他多孔材料)时,由于基层吸水性强,即使砂浆用水量不同,但因砂浆具有一定的保水性,经过底面吸水后,保留在砂浆中的水分几乎是相同的。因此,砂浆的抗压强度主要取决于水泥强度和水泥用量,而与砂浆拌合时的水灰比无关。其关系式如下:

$$f_{m,0} = \frac{\alpha Q_c f_{ce}}{1000} + B$$

式中:Q_c——水泥用量,kg。

三、砌筑砂浆的其他性能

1. 黏结力

砂浆的黏结力是影响砌体结构抗剪强度、抗震性、抗裂性的重要因素。为了提高砌体的整体性，保证砌体的强度，要求砂浆具有足够的黏结力。砂浆的黏结力与砂浆强度有关，砂浆抗压强度越高，其黏结力也越大。此外，砂浆的黏结力还与养护条件以及砖石表面粗糙程度、清洁程度和潮湿程度等因素有关。在充分润湿、干净粗糙的基面表面上，砂浆的黏结力较大。为了提高砂浆的黏结力，保证砌体质量，砌筑前应将砖石等砌筑材料浇水润湿。

2. 变形性能

砂浆在硬化过程中，承受荷载或温度、湿度条件变化时都容易产生变形。如果变形过大或变形不均匀，就会降低砌体的整体性，引起沉降或开裂。在拌制砂浆时，砂过细、胶凝材料过多或选用轻骨料，都可能使砂浆产生较大的收缩变形，从而引起开裂。为了减小收缩程度，可以在砂浆中加入适量的膨胀剂。

3. 凝结时间

砂浆凝结时间以贯入阻力达到 0.5MPa 时所用时间为评定的依据。水泥砂浆不宜超过 8h，水泥混合砂浆不宜超过 10h。掺入外加剂后，砂浆的凝结时间应满足工程设计和施工的要求。

4. 耐久性

由于砂浆经常受到环境中各种有害成分的影响，砂浆除应满足强度要求外，还应该具有良好的耐久性，如抗冻性、抗渗性、抗侵蚀性等。鉴于砂浆的黏结力随着抗压强度的增大而增大，耐久性随着抗压强度的增大而增高，工程上以抗压强度作为砂浆的主要技术指标。

第二节　抹面砂浆

涂抹于建筑物表面的砂浆统称为抹面砂浆。抹面砂浆按其功能的不同，可分为普通抹面砂浆、装饰砂浆和具有特殊功能的抹面砂浆等。与砌筑砂浆相比，抹面砂浆具有以下特点：抹面砂浆不承受荷载，它与基底层之间应具有良好的黏结性，以保证其在施工或长期自重或环境因素作用下不脱落、不开裂，且不丧失主要功能。抹面砂浆多分层抹成均匀的薄层，面层要求平整细致。

一、普通抹面砂浆

普通抹面砂浆用于室外时,对建筑物或墙体起保护作用。它可以抵抗风、雨、雪等自然因素,以及有害介质的侵蚀,提高建筑物或墙体的抗风化、防潮和保温隔热能力。用于室内则可以改善建筑物的适用性,使表面平整、光洁、美观,具有装饰效果。抹面砂浆通常分为两层或三层进行施工,各层的作用与要求不同,所选用的砂浆也不同。底层砂浆的作用是使砂浆与底面牢固黏结,要求砂浆有良好的和易性和较大的黏结力,并且保水性要好,否则水分易被底面吸收掉而影响黏结力。基底表面粗糙,有利于砂浆黏结,中层主要用来找平,有时可省去不用。面层砂浆主要起装饰作用,应达到平整美观的效果。砖墙的底层砂浆多用混合砂浆,板条墙或板条顶棚的底层砂浆多用麻刀石灰砂浆,混凝土梁柱顶板等的底层砂浆多用混合砂浆。用于砖墙的中层时多选择混合砂浆或石灰砂浆,用于面层时则多选择混合砂浆、麻刀石灰砂浆或纸筋石灰砂浆。在潮湿环境或容易碰撞的地方,如墙裙、踢脚板、地面、窗台及水池等处,应采用水泥砂浆,其配合比多为:水泥:砂=1:2.5。普通抹面砂浆的配合比可参考表3-2-1。

表3-2-1 各种抹面砂浆配合比参考表

材　　料	配合比(体积比)应用范围	主要用途
石灰:砂	1:2—1:4	用于砖石墙表面(檐口、勒角、女儿墙以及潮湿间的墙)
石灰:黏土:砂	1:1:4—1:1:8	干燥环境表面
石灰:石膏:砂	1:0.4:2—1:1:3	用于不潮湿房间的墙及天花板
石灰:石膏:砂	1:2:2—1:2:4	用于不潮湿房间的线脚及其他装饰工程
石灰:水泥:砂	1:0.5:4.5—1:1:5	用于檐口、勒角、女儿墙以及比较潮湿的部位
水泥:砂	1:3—1:2.5	用于浴室、潮湿车间等墙裙、勒角或地面基层
水泥:砂	1:2—1:1.5	用于地面、天棚或墙面面层
水泥:砂	1:0.5—1:1	用于混凝土地面随时压光
水泥:石膏:砂:锯末	1:1:3:5	用于吸音粉刷
水泥:白石子	1:2—1:1	用于水磨石(打底用1:2.5水泥砂浆)
水泥:白石子	1:1.5	用于剁假石(打底用1:2—1:2.5水泥砂浆)
白灰:麻刀	100:2.5(质量比)	用于板条天棚底层
石灰膏:麻刀	100:1.3(质量比)	用于板条天棚面层(或100kg石灰膏加38kg纸筋)
纸筋:白灰浆	灰膏0.1m³:纸筋0.36kg	较高级墙板、天棚

二、装饰砂浆

用于室外装饰以增加建筑物美观效果的砂浆称为装饰砂浆。装饰砂浆与抹面砂浆的主要区别在于面层。面层应选用具有不同颜色的胶凝材料和集料,并采用特殊的施工操作方法,以便表面呈现出各种不同的色彩线条和花纹等装饰效果。装饰砂浆有以下几种常用的施工操作方法。

1. 拉毛

先用水泥砂浆做底层,再用水泥石灰砂浆做面层,在砂浆尚未凝结之前用抹刀将表面拉成凹凸不平的形状,如图3-2-1所示。

2. 水刷石

用5mm石渣配置的砂浆做底层,涂抹成型待稍凝固后立即喷水,将面层水泥冲掉,使石渣半露而不脱落,远看颇似花岗石,如图3-2-2所示。

3. 水磨石

由水泥(普通水泥、白水泥或彩色水泥)、有色石渣和水按适当比例配合,需要时掺入颜料,经拌匀、涂抹或浇筑、养护、硬化和表面磨光、洒草酸冲洗、干燥后上蜡等工序制成。水磨石分预制和现制两种。它不仅美观,而且有较好的防水、耐磨性能,多用于室内地面和装饰,如墙裙、踏步、踢脚板、隔断板、水池和水槽等,如图3-2-3所示。

4. 干黏石

它要求石渣黏结均匀、牢固。干黏石的装饰效果与水刷石相近,但石子表面更洁净艳丽,避免了喷水冲洗的湿作业,施工效率高,还节约材料和水。干黏石在预制外墙板的生产中有较多的应用,如图3-2-4所示。

5. 斩假石

斩假石,又称斧剁石。砂浆的配制与水刷石基本一致。待砂浆抹面硬化后,用斧刃将表面剁毛并露出石渣。斩假石的装饰效果与粗面花岗岩相似,如图3-2-5所示。

6. 假面砖

在硬化的普通砂浆表面用刀、斧锤、凿刻出线条,也可在初凝后的普通砂浆表面用木条、钢片压出线条,亦可用涂料画出线条。将墙面装饰成仿砖贴面、仿瓷砖贴面、仿石材贴面等艺术效果,如图3-2-6所示。

图 3-2-1　拉毛

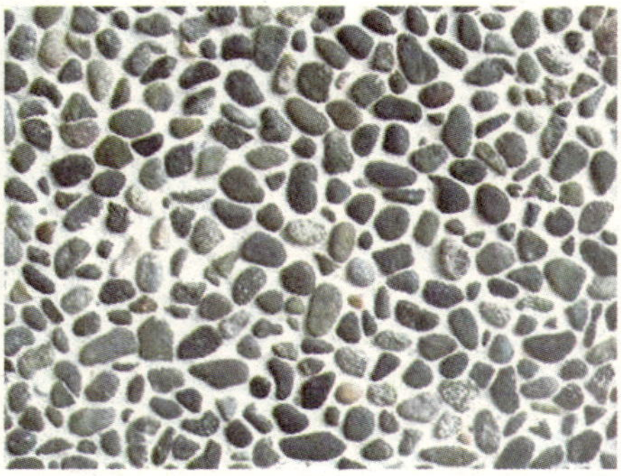

图 3-2-2　水刷石

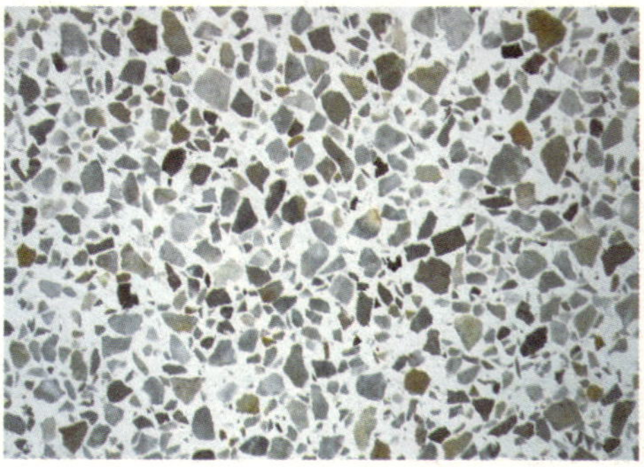

图 3-2-3　水磨石

图 3-2-4　干黏石

图 3-2-5　斩假石

图 3-2-6　假面砖

第三节　防水砂浆

　　用于防水层的砂浆称为防水砂浆。砂浆防水层，又称刚性防水层，适用于不受振动和具有一定刚度的混凝土和砖石砌体工程的表面。对于变形较大或可能产生不均匀沉陷的建筑物，不宜采用刚性防水砂浆。

　　防水砂浆主要有普通水泥防水砂浆、掺加防水剂的防水砂浆和膨胀水泥与无收缩水泥防水砂浆。普通水泥防水砂浆是由水泥、细骨料、掺合料和水拌制而成的砂浆。在普通水泥中掺入一定量的防水剂而制得的防水砂浆，是目前应用广泛的一种防水砂浆。常用的防水剂有硅酸钠类、金属皂类、氯化物金属盐及有机硅类。膨胀水泥与无收缩水泥防水砂浆，是分别采用膨胀水泥和无收缩水泥制作的砂浆。利用这两种水泥制作的砂浆有微膨胀或补偿收缩性能，从而提高砂浆的密实性和抗渗性。防水砂浆的配合比一般采用水泥:砂=1:（2.5—3），水灰比在0.5—0.55之间。水泥应采用强度等级为42.5级的普通硅酸盐水泥，砂子应采用级配良好的中砂。防水砂浆对施工操作技术要求很高。制备防水砂浆时，应先将水泥和砂干拌均匀，再加入水和防水剂溶液搅拌均匀。施工前，应先在湿润清洁的底面上抹一层低水灰比的纯水泥浆（有时也用聚合物水泥浆），然后抹一层防水砂浆。在砂浆初凝之前，用木抹子压实一遍，第二、三、四层都是以同样的方法进行操作，最后一层要压光。每层厚度约为5mm，抹4—5层，共20—30mm厚。施工完毕后，必须加强养护，防止开裂。

第四节　特种砂浆

一、保温砂浆

保温砂浆，又称绝热砂浆，是采用水泥、石灰、石膏等胶凝材料与膨胀珍珠岩、膨胀蛭石、陶粒、陶砂或聚苯乙烯泡沫颗粒等轻质骨料，按一定比例配制而成的砂浆。绝热砂浆质轻，绝热性能好，其导热系数为0.07—0.10W/(m·K)。保温砂浆主要用于屋面隔热层、隔热墙壁、冷库以及工业窑炉、供热管道隔热层等处。如果在绝热砂浆中掺入或在其表面喷涂憎水剂，则这种砂浆的保温隔热效果会更好。

常用的绝热砂浆有水泥膨胀珍珠岩砂浆、水泥膨胀蛭石砂浆、水泥石灰膨胀蛭石砂浆等。水泥膨胀珍珠岩砂浆采用强度等级为42.5级的普通水泥配制，水泥与膨胀珍珠岩体积比为1:（12—15），水灰比为1.5—2.0，导热系数为0.067—0.074W/(m·K)，可用于砖及混凝土内墙表的抹灰或喷涂。

二、吸声砂浆

吸声砂浆，又称吸音砂浆，是采用轻质骨料拌制而成的一种保温砂浆。由于骨料内部孔隙率大，因此也具有良好的吸音性能。若在吸声砂浆内掺入锯末、玻璃纤维、矿物棉等松软的材料，则能获得更好的吸音效果。吸声砂浆主要用于室内的吸声墙面和顶面。

三、耐酸砂浆

耐酸砂浆一般是由水玻璃、氟硅酸钠、石英砂、花岗岩砂、铸石等按适当的比例配制而成的。其具有较强的耐酸性,主要用作衬砌材料、耐酸地面或耐酸容器的内壁防护层等。

四、防辐射砂浆

防辐射砂浆是在重水泥(钡水泥、锶水泥)中加入重骨料(黄铁矿、重晶石、硼砂等)配制而成的具有防 X 射线功能的砂浆。其配合比一般为:水泥:重晶石粉:重晶石砂=1:0.25:(4—5)。在配制中,加入硼砂、硼酸可制成具有防中子辐射能力的砂浆。这类砂浆主要用于射线防护工程。

五、聚合物砂浆

聚合物砂浆是在水泥砂浆中加入有机聚合物乳液配制而成的,具有黏结力强、干缩率小、脆性低、耐腐蚀性好等特性,用于修补和防护工程。常用的聚合物乳液有氯丁胶乳液、丁苯橡胶乳液、丙烯酸树脂乳液等。

六、膨胀砂浆

在水泥砂浆中,加入膨胀剂或使用膨胀水泥,可配制膨胀砂浆。膨胀砂浆具有一定的膨胀特性,可补偿水泥砂浆的收缩,防止干缩开裂。膨胀砂浆用在修补工程和装配式大板工程中,能依赖其膨胀作用填充缝隙,达到黏结密封的目的。

本章小结

1. 砂浆是由胶结材料、细骨料和水,有时也掺入某些外掺材料,按一定比例配合调制而成,与混凝土相比,无粗骨料,所以它又可以看作一种细骨料混凝土。

2. 建筑砂浆常用普通水泥、矿渣水泥、火山灰水泥等来配制。

3. 建筑砂浆用砂应符合混凝土用砂的技术性能要求。由于砂浆层往往较薄,故对砂子最大粒径有所限制

4. 在施工现场为改善砂浆的和易性,节约胶凝材料用量,降低砂浆成本,在配制砂浆时可掺入石灰膏、电石膏、粉煤灰、黏土膏等掺合料。

5. 拌制砂浆用水与混凝土拌合用水的要求相同,应采用洁净、无油污和硫酸盐等杂质

的可饮用水,为节约用水,经化验分析或试拌验证合格的工业废水也可用于拌制砂浆。

6. 砌筑砂浆的技术性质,主要包括新拌砂浆的和易性,硬化后砂浆的强度、黏结性、抗冻性和收缩值等。

7. 新拌砂浆必须具备良好的和易性,和易性包括流动性和保水性两方面。

8. 砂浆在砌体中主要起黏结和传递荷载的作用,所以应具有一定的强度。根据砂浆的抗压强度标准值,将砌筑砂浆分为 M20、M15、M10、M7.5、M5.0、M2.5 六个强度等级。

9. 砂浆的抗压强度与混凝土相似,主要取决于水泥强度和水灰比。

10. 涂抹于建筑物表面的砂浆统称为抹面砂浆。抹面砂浆按其功能的不同可分为普通抹面砂浆、装饰砂浆和具有特殊功能的抹面砂浆等。

11. 普通抹面砂浆用于室外时,对建筑物或墙体起保护作用。

12. 用于室外装饰以增加建筑物美观效果的砂浆称为装饰砂浆。

13. 装饰砂浆有以下几种常用的施工操作方法:①拉毛;②水刷石;③水磨石;④干黏石;⑤斩假石;⑥假面砖。

14. 用作防水层的砂浆称为防水砂浆。砂浆防水层又称刚性防水层,适用于不受振动和具有一定刚度的混凝土和砖石砌体工程的表面。对于变形较大或可能产生不均匀沉陷的建筑物,不宜采用刚性的防水砂浆。

复习思考题

1. 影响砌筑砂浆强度的因素有哪些?

2. 配制砂浆时,为什么除水泥外常常还要加入定量的其他胶凝材料?

3. 新拌砂浆的和易性包括哪些方面? 如何测定?

4. 影响砂浆保水性的主要因素有哪些?

5. 如何改善砂浆的保水性?

第四章

防水材料

建筑物的围护结构要防止雨水、雪水和地下水的渗透，以及空气中的湿气、蒸汽和其他有害气体与液体的侵蚀；分隔结构要防止给排水的渗翻。这些防渗透、防渗漏和防侵蚀的材料统称为防水材料。

建筑物需要进行防水处理的部位主要是屋面、墙面、地面和地下室等。

第一节　防水材料概述

建筑物具有防水功能是人们对其主要使用功能要求之一，防水材料是实现这一功能要求的物质基础。建筑物中使用防水材料主要是为了防潮和防漏，避免水和盐分等对建筑材料的侵蚀破坏，保护建筑构件。防潮是指防止地下水或地基中的盐分等腐蚀性物质渗透到建筑构件的内部。防漏一般是指防止流泻水或融化雪水从屋顶、墙面或混凝土构件等接缝处渗漏到建筑构件内部或住宅中。

防水材料通过材料自身密实性达到防水效果，绝大多数防水材料都具有憎水特性，在使用条件下（应力和环境）不产生裂缝。即使结构或基层受力变形或开裂时，也都能保持其防水功能。防水材料的防水技术可分为两大类，即结构构件自身防水和由不同材料构成的防水层防水。结构构件自身防水是通过建筑构件材料自身的密实性及某些构造措施，如坡度、伸缩缝等，也可辅以嵌缝油膏、埋入式止水带（环）等，达到防水目的。采用由不同材料构成的防水层做法，则是在建筑构件迎水面或背水面以及接缝处，另外附加防水材料做成防水层，以达到建筑物防水的目的。这种做法既可仅通过刚性材料防水，如涂抹防水砂浆、浇筑防水混凝土等，也可通过将刚性防水材料与具有一定变形能力的柔性防水材料组合成刚柔结合的防水体系防水，还可仅通过柔性防水材料防水，如铺设防水卷材（图4-1-1），涂防水涂料等。常见防水材料的主要组成、特性与应用如表4-1-1所示。

图4-1-1　铺设防水卷材

表4-1-1　常见防水材料的主要组成、特性与应用

类　型	品　种	主要组成	主要性能	主要应用
刚性防水材料	防水砂浆	水泥、砂、防水剂（或减水剂、膨胀剂、合成树脂乳液等）、水	刚性防水材料，抗压强度为20—30MPa，抗渗性为0.2—0.5MPa，寿命为30—50年	屋面、工业与民用建筑地下防水工程，不宜用于有变形的部位
	防水混凝土	水泥、砂、石、防水剂（或减水剂、引气剂、膨胀剂）、水	刚性防水材料，抗压强度为20—40MPa，抗渗性为0.4—3.0MPa，寿命为30—50年	屋面、蓄水池、地下工程、隧道等
防水卷材	石油沥青、纸胎、油毡	石油沥青、纸胎等	不透水性不低于0.049—0.147MPa，抗拉力为245—539N，柔度14℃—18℃时合格，寿命为3年左右	地下、屋面等防水工程，片毡用于单层防水，粉毡可用于各层
	SBS改性沥青防水卷材	SBS、石油沥青、聚酯无纺布（或玻璃布）	聚酯胎：不透水性不低于0.3MPa，断裂伸长率为15%—40%，低温柔度-25℃—-15℃时合格，抗拉力为400—800N；玻纤胎：断裂伸长率不低于3%，其余性能略低于或接近于聚酯胎；寿命不低于10年	屋面、地下室等各种防水工程，特别适合寒冷地区
	聚氯乙烯防水卷材	聚氯乙烯、煤焦油、增塑剂	不透水性不低于0.2MPa，低温抗弯性-20℃—-10℃时合格，断裂伸长率为120%—300%，拉伸强度为2—15MPa，寿命为10—15年	屋面、地下室等各种防水工程，特别适合有较大变形的部位

续表

类 型	品 种	主要组成	主要性能	主要应用
防水涂料	沥青胶	石油沥青矿物粉、纤维状矿物材料	黏结性较好,耐热度为60℃—85℃,柔度18T时合格	粘贴沥青、油毡
	冷底子油	沥青、汽油等	常温下为液体,渗透力较强,与基层材料的黏结性较好	防水工程的最底层
	乳化石油沥青	石油沥青、水、乳化剂等	常温下为液体,渗透力较强,与基层材料的黏结性较好,可在潮湿基层上施工	替代冷底子油、粘贴玻璃布、拌制沥青砂浆或沥青混凝土
密封材料	建筑防水沥青嵌缝油膏	石油沥青、改性材料、稀释剂等	耐热度不低于70—80℃,低温柔度-103℃—0℃时合格,耐候性较好	屋面、墙面沟槽、小变形缝等的防水密封,重要工程不宜使用
	聚氨酯密封材料	聚氨酯预聚体、交联剂、增复剂等	伸长率为200%—400%,低温柔度30℃—40℃时合格,抗疲劳性好,黏结性好,寿命为20—30年	各类防水接缝,特别是受疲劳荷载作用或接缝变形大的部位,如建筑物、公路、桥梁等的伸缩缝等
	有机硅憎水剂(防水涂料)	有机硅等	渗透力强,固化后成为极薄的无色膜层,憎水性强,寿命(室外喷涂)为5—7年	喷涂于建筑材料的表面,起到防水防污等作用,也可用于配制防水砂浆或防水混凝土

第二节 沥青防水材料

一、沥青

沥青是一种有机胶凝材料,它是复杂的高分子碳氢化合物及非金属(氧、硫、氮等)衍生物的混合物,具有良好的黏结性、塑性、憎水性和耐腐蚀性。在建筑工程中,沥青主要作为屋面、防水等工程材料。

沥青(图4-2-1)可分为地沥青和焦油沥青两大类。地沥青又可分为天然沥青和石油沥青,焦油沥青又可分为煤沥青和页岩沥青等多种。地壳中石油在自然因素作用下,经过轻质油分蒸发、氧化及缩聚作用而形成的产物为天然沥青;石油原油或石油衍生物经过常压或减压蒸馏,提炼出汽油、煤油、柴油、润滑油等轻质油分后的残渣,经再加工而制成的产物为石油沥青。焦油沥青为各种有机物(如煤、页岩、木材等)经干馏加工得到的焦油,经再加工而得到的产物。

建筑工程中应用较广泛的沥青为石油沥青和改性石油沥青,煤沥青应用较少。

图4-2-1　沥青

1. 石油沥青

石油沥青是建筑工程中常用沥青的主要品种。其成分与性能取决于原油的成分与性能,有关技术性质如下。

黏性:反映沥青材料内部阻碍其相对流动的性质,在一定程度上表现为沥青与另一物体之间的黏结力。最常采用的测定黏性的方法有标准黏度计法和针入度法。以黏度或针入度值作为衡量沥青黏性大小的指标。沥青的针入度越小,则黏性越大。

塑性:指沥青在外力作用下发生变形而不破坏的能力,用延度表示。延度值越大,则塑性越好,抵抗振动、冲击及基层开裂的能力也越强。

温度敏感性:指沥青的黏性和塑性随温度升降而变化的性能,用软化点表示。软化点越高,表示沥青的温度敏感性越小,温度稳定性越好。

大气稳定性:指沥青在大气作用下抵抗老化的性能,用加热后重量损失百分率和加热前后的针入度比值表示。加热后质量损失百分率越小,针入度比值越大,表示沥青的大气稳定性越好。

以上所述的针入度、延度和软化点是评价黏稠石油沥青性能的最常用指标,也是石油沥青划分牌号的主要依据。

石油沥青按用途分为建筑石油沥青、道路石油沥青和普通石油沥青,应用最普遍的为建筑石油沥青和道路石油沥青。

建筑石油沥青具有黏性较大、延伸性小、耐热性好等特点,按其针入度值的大小分为10号、30号、40号三个标号;道路石油沥青具有黏性小、延伸性好、耐热性低等特点,按其针入度值的大小分为160号、130号、110号、90号、70号、50号、30号七个牌号。随着牌号的增大,石油沥青的黏性减小(针入度值增大)、塑性增大(延度值增大)、温度敏感性增大(软化点降低)。普通石油沥青中含蜡量较高(可达15%—20%),有的甚至高达25%—35%。由于石蜡的熔点很低、黏结力差,当沥青温度达到软化点时,蜡已接近流动状态,所以容易使沥青流淌。当普通石油沥青用于工程中时,随着时间的增长,沥青中的石蜡还会向胶结层表面渗透,形成薄膜,使沥青黏结层的耐热性和黏结力下降。所以在建筑工程中一般不宜采用普通石油沥青。

石油沥青在建筑工程中主要用于制造油纸、油毡、防水涂料和沥青嵌缝膏,多用于屋面及地下防水、沟槽防水和防腐蚀及管道防腐蚀等工程中。

2. 焦油沥青

焦油沥青,俗称柏油,包括煤沥青、木沥青、页岩沥青等。这类沥青具有良好的防腐性能和特强的黏结性能,主要用于铺筑路面,制取染料,配制胶黏剂,制作涂料、嵌缝油膏和油毡等。

二、沥青防水材料

以沥青为主要原料的沥青防水材料,按其形式可分为防水涂料和防水卷材两大类。

1. 沥青防水涂料

(1)冷底子油

冷底子油是将沥青溶解于有机溶剂中制成的沥青涂料,它常用30号或10号建筑石油沥青加入溶剂(柴油、煤油、汽油或苯等)配成溶液。冷底子油的流动性好,便于涂刷,但形成涂膜较薄,故一般不单独当作防水材料使用,往往仅当作防水材料的配套材料使用。

冷底子油可涂刷在水泥砂浆或混凝土基层上,也可用于处理金属配件的基层,提高沥青类防水卷材与基层的黏结性能。

(2)乳化沥青

乳化沥青是一种可在潮湿基层上冷施工的防水涂料,是将石油沥青在乳化剂水溶液作用下,经乳化机强烈搅拌而成。当该乳化液涂在基层上后,水分逐渐蒸发,沥青颗粒随即成膜,形成均匀、稳定、黏结强度高的防水层。水性沥青基厚质防水沥青涂料(AE-1类)主要有水性石棉沥青防水涂料(AE-1-A)、膨润土沥青乳液(AE-1-B)和石灰乳化沥青(AE-1-C)。

(3)沥青胶(沥青玛蹄脂)

沥青胶是在沥青中加入适量的粉状或纤维状填充料配制而成的一种胶结材料。沥青胶具有良好的耐热性、黏结性和柔韧性。其应用范围很广,普遍用于黏结防水卷材等。

2. 沥青防水卷材

沥青防水卷材是建筑工程中用量较大的沥青制品,广泛应用于工业与民用建筑工程中,特别是在屋面工程中其仍被普遍采用。

沥青防水卷材是以沥青为主要浸涂材料,以原纸、纤维布等为胎基,表面施以隔离材料而制成的防水卷材。其中具有代表性的是纸胎沥青防水卷材,简称油毡纸或油毛毡(图4-2-2)。它是先用低软化点的石油沥青浸渍原纸,然后用高软化点的石油沥青涂盖油纸的两面,再涂撒隔离材料制成的防水卷材。

图4-2-2 油毡纸

第三节 新型防水材料

一、高聚物改性沥青防水卷材

改性沥青防水卷材是以改性沥青为涂盖层,以纤维织物或纤维毡为胎体,以粉状、片状、粒状或薄膜材料为覆盖层材料而制成的防水卷材。沥青改性剂主要有SBS、APP、再生胶或废橡胶粉等(详见表4-3-1)。改性沥青防水卷材改善了普通沥青防水卷材温度稳定性差、延伸率小等不足之处,具有高温不流淌、低温不脆裂、抗拉强度较高、延伸率较大等特点。

表4-3-1 常见聚合物改性沥青防水卷材的特点和适用范围

卷材种类	特 点	适用范围
SBS改性沥青防水卷材	高温稳定性和低温柔韧性明显改善,抗拉强度和断裂延伸率较高,耐疲劳和耐老化性好	单层铺设的防水层或复合使用,冷热地区均适用,可用于特别重要、重要及一般防水等级的屋面和地下防水工程以及特殊结构防水工程,特别适用于寒冷地区及变形频繁的结构
APP改性沥青防水卷材	抗拉强度高,延伸率大,耐老化、耐腐蚀和耐紫外线老化性能好,可在130℃以下的温度条件下使用	单层铺设的防水层或复合使用,适用范围与SBS改性沥青防水卷材基本相同,特别适合高温地区和太阳辐射强烈的地区使用
PVC改性焦油沥青防水卷材	有良好的耐高温和耐低温性能,最低开卷温度为－18℃,可在低温下施工	单层铺设的防水层或复合使用,有利于冬季零下温度下施工
再生胶改性沥青防水卷材	有一定的延伸性和防腐能力,低温柔性较好,价格低	适合变形较大或档次较低的防水工程
废橡胶粉改性沥青防水卷材	抗拉强度、高温稳定性和低温柔性均比沥青防水卷材有明显改善	一般叠层使用,宜用于寒冷地区的防水工程

1. SBS改性沥青防水卷材

SBS改性沥青防水卷材(图4-3-1)是以苯乙烯-丁二烯-苯乙烯热塑性弹性体浸渍胎基,两面涂以该弹性体涂盖层,上表面撒以细砂、矿物粒(片)或覆盖聚乙烯膜,下表面撒以细砂或覆盖聚乙烯膜所制成的防水卷材。此防水卷材可单层、多层使用,施工方法也可根据不同卷材选择热熔法、冷黏法和自黏法。

图4-3-1 SBS改性沥青防水卷材

SBS改性沥青防水卷材的幅宽规格为1m,长度规格为10m/卷。按胎体分为聚酯胎(PY)和玻纤胎(G)两类。按上表面隔离材料不同分为聚乙烯膜(PE)、细砂(S)与矿物粒(片)料(M)。按性能档次分为Ⅰ型和Ⅱ型。Ⅰ型产品技术指标相当于国际一般水平,标志性指标为低温柔度-18℃;Ⅱ型产品技术指标相当于国际先进水平,低温柔度-25℃。

2. APP改性沥青防水卷材

APP改性沥青防水卷材是以无规聚丙烯塑性体聚合物浸渍胎基,并涂盖两面,上表面撒以细砂、矿物粒(片)或覆盖聚乙烯膜,下表面撒以细砂或覆盖聚乙烯膜所制成的防水卷材。另外,APP改性沥青防水卷材热熔性非常好,特别适合热熔法施工,也可选择冷黏法施工。

3. 其他改性沥青防水卷材

聚合物改性沥青防水卷材除SBS、APP改性沥青防水卷材外,还有聚氯乙烯(PVC)改性焦油沥青防水卷材、再生胶改性沥青防水卷材和废橡胶粉改性沥青防水卷材等。因聚合物和胎体的种类不同,其性能各异,使用时应根据其性能合理选择。

二、合成高分子防水卷材

合成高分子防水卷材是以合成橡胶、合成树脂或二者的共混体为基料,加入适量的助剂和填充料等,经过混炼、压延或挤出等工序加工而成,有加筋增强型和非加筋增强型两种。

合成高分子防水卷材具有抗拉伸和抗撕裂强度高、断裂伸长率大、耐热性好、低温柔性好、耐腐蚀、耐老化及可以冷施工等一系列优点，是具有发展前景的新型高档防水材料。

1. 三元乙丙橡胶（EPDM）防水卷材

三元乙丙橡胶防水卷材是以乙烯、丙烯及少量双环戊二烯等三种单体共聚合成的，以橡胶为主体，掺入适量的硫化剂、促进剂、软化剂、填充料等，经过密炼、拉片、过滤、压延或挤出成型、硫化等工序而制成。三元乙丙橡胶防水卷材的物理性能应符合《高分子防水材料第1部分：片材》（GB 18173.1—2006）的规定。三元乙丙橡胶防水卷材具有以下优点。

（1）耐老化能力好，使用寿命可长达30—50年。

（2）拉伸强度可达7MPa以上，断裂伸长率可达450%以上，弹性好，且对基层变形开裂的适应跟踪能力极强。

（3）耐高、低温性能好，适用温度范围宽，其中脆性温度在-40℃以下。

基于以上优点，三元乙丙橡胶防水卷材广泛适用于防水要求高、耐用年限要求长的工业与民用建筑防水工程，特别适合屋面单层外露部位的防水工程。但其价格高，且需要使用与之相配套的黏结材料。

2. 聚氯乙烯（PVC）塑料防水卷材

聚氯乙烯塑料防水卷材是以聚氯乙烯树脂为主要原料，掺加填充料及适量的改性剂、增塑剂及其他助剂，经过混炼、压延或挤出等工序而制成的防水卷材。

聚氯乙烯塑料防水卷材根据其基料的组成及特性分为S型和P型。其中，S型是以煤焦油及聚氯乙烯树脂混溶料为基料的防水卷材；P型是以增塑聚氯乙烯树脂为基料的防水卷材。S型卷材性能远低于P型卷材。以P型产品为代表的PVC塑料防水卷材的突出特点是拉伸强度高，断裂伸长率也较大，虽然与三元乙丙橡胶防水卷材相比其性能稍逊，但其原材料丰富，价格较便宜。PVC防水卷材适用于新建和翻修工程的屋面防水，也适用于水池、堤坝等防水工程。

3. 氯化聚乙烯-橡胶共混防水卷材

氯化聚乙烯-橡胶共混防水卷材是以氯化聚乙烯树脂和合成橡胶为主体，加入适量的硫化剂、促进剂、稳定剂、软化剂和填料等，经过混炼、压延或挤出等工序而制成的防水卷材。

氯化聚乙烯-橡胶共混防水卷材兼有橡胶和塑料的特点。它不仅具有聚氯乙烯的高强度和优异的耐老化、耐臭氧性能，而且具有橡胶的高弹性、高延伸性以及良好的低温柔性。从性能上看，该类卷材已接近三元乙丙橡胶防水卷材，其适用范围和施工方法与三元乙丙橡胶防水卷材基本相同，特别适用于屋面工程单层外露防水。其原材料丰富，价格比三元乙丙橡胶防水卷材有优势。

三、聚合物改性沥青防水涂料

1. 氯丁橡胶改性沥青防水涂料

氯丁橡胶改性沥青防水涂料,是以氯丁橡胶和石油沥青为基料制成的,有溶剂型和水乳型两种。

水乳型氯丁橡胶沥青防水涂料,又称氯丁胶乳沥青防水涂料。该防水涂料具有成膜快、强度高、耐候性好、抗裂性好、难燃、无毒、可冷施工等优点,已成为我国防水涂料中的主要品种之一。但由于该涂料固体含量低、防水性能一般,在屋面上一般不能单独使用,也不适用于地下室及浸水环境下建筑物表面的防水。溶剂型氯丁橡胶改性沥青防水涂料的防水性能与水乳型氯丁橡胶改性沥青防水涂料相当,但由于成膜条件不同,溶剂型氯丁橡胶改性沥青防水涂料可以用于地下室及浸水环境下建筑物表面的防水。

2. 水乳型再生橡胶改性沥青防水涂料

水乳型再生橡胶改性沥青防水涂料是由再生乳胶和沥青乳胶混合均匀,其微粒稳定分布在水中而形成的。该涂料具有无毒、无味、不燃的优点,可在常温下冷施作业,并可在稍潮湿无积水的表面施工,涂膜具有一定的柔韧性和耐久性,原材料来源广,价格低。该涂料一般要加衬玻璃纤维布或合成纤维加筋毡构成防水层。该涂料适用于工业与民用建筑混凝土基层屋面防水、以沥青珍珠岩为保温层的保温屋面防水、地下混凝土建筑防潮及刚性自防水屋面的维修等。

四、合成高分子防水涂料

1. 聚氨酯防水涂料

聚氨酯防水涂料是一类双组分反应型防水涂料。它是由含有异氰酸基的聚氨酯预聚体(甲组分)和含有羟基和氨基的固化剂及其他助剂的混合物(乙组分)按一定比例混合而成的。聚氨酯防水涂料涂膜固化时无体积收缩,具有较大的弹性和延伸率,较好的抗裂性、耐候性、耐酸碱性、耐老化性,且施工方便。聚氨酯防水涂料产品等级分为Ⅰ型(高延伸率)和Ⅱ型(高强度)。施工厚度为1.5—2.0mm的膜层,其使用年限可达10年以上。聚氨酯防水涂料在中高层建筑的卫生间、水池、屋面和地下室防水工程中得到了广泛的应用。

2. 水性丙烯酸防水涂料

水性丙烯酸防水涂料是以高含量丙烯酸酯共聚乳液为基料,掺加填料、颜料及各种助剂,经混炼、研磨而成。该涂料的最大优点是具有良好的耐候性、耐热性和耐紫外线性,涂膜柔软,弹性好,能适应基层一定的变形开裂,温度适应性强,在−30℃—80℃范围内性能无大的变化,并且可根据需要调制成不同色彩,兼有装饰和隔热效果。水性丙烯酸防水涂料适用于各类建筑工程的防水及防水层的维修和保护等。

3. 硅橡胶防水涂料

硅橡胶防水涂料是一种水乳型防水涂料,具有良好的防水性、抗渗透性、成膜性、弹性、黏结性、延伸性和耐高低温性等特性,适应基层变形的能力强。可深入基底,与基底牢固黏结,成膜速度快,可在潮湿基层上施工,可刷涂、喷涂和滚涂。该涂料适用于各类工程,尤其是地下工程的防水、防渗和维修等。

第四节 防水材料的选用

防水材料品种繁多,形态各异,性能各有不同,价格也相差悬殊。因此,本着因地制宜、按需选材的原则,选用时考虑以下几点。

一、按屋面防水等级和设防要求进行选择

国家标准《屋面工程质量验收规范》(GB 50207—2002)按建筑物的类型、重要程度、使用功能、结构特点等将屋面防水工程分为四个等级。屋面防水等级不同,防水层的耐用年限就不同,所使用的防水材料以及防水层的组成也应有所不同。屋面防水等级和设防要求具体如表4-4-1所示。

表4-4-1 屋面防水等级和设防要求

项 目	屋面防水等级			
	I	II	III	IV
建筑物类别	特别重要或对防水有特殊要求的建筑	重要建筑和高层建筑	一般建筑	非永久性建筑
防水层合理使用年限	25年	15年	10年	5年
防水层选用材料	宜选用合成高分子防水卷材、聚合物改性沥青防水卷材、金属板材、合成高分子防水涂料、细石混凝土等材料	宜选用聚合物改性沥青防水卷材、合成高分子防水卷材、金属板材、合成高分子防水涂料、聚合物改性沥青防水涂料等材料	宜选用三毡四油沥青防水卷材、聚合物改性沥青防水卷材、合成高分子防水卷材、金属板材、聚合物改性沥青防水涂料、合成高分子防水涂料、细石混凝土、平瓦、油毡瓦等材料	可选用二毡三油沥青防水卷材、聚合物改性沥青防水涂料等材料
设防要求	三道或三道以上防水设防	两道防水设防	一道防水设防	一道防水设防

二、按气候作用强度进行选择

气候作用强度是指屋面最高温度与最低温度之差。我国气候作用强度有强作用区（温差大于65℃）、较强作用区（温差为55℃—65℃）、中作用区（温差为45℃—55℃）和弱作用区（温差小于45℃）之分。对极端温差大的地区，应选用耐高低温性能优良和延伸率大的防水材料，使防水层适应温差引起的热胀冷缩变化，防止防水层破坏而渗漏。

三、按建筑物结构特点和施工条件进行选择

结构特点和施工条件包括屋面结构是现浇混凝土还是预制构件，是保温屋面还是非保温屋面，顶层结构各跨是否均匀，设备管道多还是少，建筑物受震动状况如何，使用环境是否有腐蚀性介质等。对屋面比截面大、设备管道多的应选择防水涂料，以方便施工。对受震动大的应选用抗拉强度高、延伸率大的防水卷材。当使用环境中有腐蚀性介质时，选用的防水材料应有相应的耐酸碱侵蚀能力。

四、按防水层的暴露程度进行选择

外露防水层应选用耐紫外线的防水材料，种植屋面所用防水材料应具有耐霉性等。

地下室防水工程的防水等级按工程的重要性和使用要求分为四级：一级不允许漏水，结构表面无湿渍；二级不允许漏水，结构表面允许有少量湿渍；三级允许有少量漏水点，但不得有线流和漏泥砂；四级允许有漏水点，但不得有线流和漏泥砂。地下室所用防水材料的选用原则同屋面防水工程。

本章小结

沥青防水材料是一种传统的防水材料，因其工艺简单、成本低廉，具有一定的防水能力，在国内外得到了广泛的应用，但沥青防水材料的高温软化、低温脆硬、延伸率小的缺点限制了其工程应用。自20世纪60年代以来，聚合物改性沥青防水卷材得以迅速发展；自20世纪80年代以来，合成高分子防水材料得到发展，新型防水材料所具有的高温不流淌、低温不脆硬、拉伸强度高、延伸率大等性能可以很好地适应温度的变化和基层的变形，因此得到更加广泛的应用。

不同种类的防水卷材具有不同的特性，要求重点掌握建筑石油沥青的主要性能（黏性、塑性、温度敏感性、大气稳定性）、技术指标（针入度、延伸度、软化点）及牌号的概念，正确理

解建筑石油沥青、防水卷材、防水涂料,特别是新型防水材料的性能特点,能根据不同环境的特点和工程部位进行合理选用。

复习思考题

1. 石油沥青主要有哪些技术性质?
2. 石油沥青牌号划分的依据是什么?
3. 常见的沥青防水卷材有哪些? 各自的用途如何?
4. SBS 改性沥青防水卷材与 APP 改性沥青防水卷材的性能及用途有何不同?
5. 三元乙丙橡胶防水卷材有何优点?
6. 聚氨酯防水涂料性能如何?
7. 常见的密封材料有哪几类? 各自的用途如何?

第五章
墙体材料

在房屋建筑中,墙体是建筑物构成的主要部分之一,它的主要作用是围护、承重和分隔。在整个建筑物中,其重量、造价及工程量都占有很大的比例。在混合结构建筑中,砌体材料的重量约占房屋建筑总重量的50%。

目前,砌体材料品种较多,总体可归纳为砌墙砖和砌块两大类。我国传统的砌筑材料有砖和石材,砖和石材的大量开采需要耗用大量的农用土地和矿山资源,影响了农业生产和生态环境;而且砖、石自重大,体积小,生产效率低,影响了建筑业的发展速度。改革开放以来,随着我国基本建设的迅速发展,传统材料无论是在数量上还是在品种上、性能上都无法满足日益增长的基本建设需要。因此,因地制宜地利用地方性资源和工业废料生产轻质、高强、多功能、大尺寸的新型砌体材料,是建筑工程可持续发展的一项重要内容。

第一节　砌墙砖

砖是砌筑用的小型块材,按生产工艺可分为烧结砖和非烧结砖;按砖的规格、孔洞率、孔的尺寸大小和数量可分为普通砖、多孔砖和空心砖。

烧结砖是以黏土或页岩、煤矸石、粉煤灰为主要原料,经过成型、干燥和焙烧而成的砖。常结合主要原材料命名,如烧结黏土砖(N)、烧结页岩砖(Y)、烧结煤矸石砖(M)、烧结粉煤灰砖(F)等。

一、烧结普通砖

烧结普通砖是以黏土、页岩、粉煤灰、煤矸石为主要原料,经焙烧制成的孔洞率小于15%的砖,如图5-1-1所示。

图 5-1-1　烧结普通砖

　　烧结普通砖有青砖和红砖两种。在成品中往往会出现不合格品——过火砖和欠火砖。焙烧温度在烧结范围内,且持续时间适宜时,烧得的砖质量均匀、性能稳定,称为正火砖;若焙烧温度低于烧结范围,则得欠火砖;若焙烧温度超过烧结范围,则得过火砖;欠火砖与过火砖的质量均不符合技术要求。过火砖颜色深,敲击时声音清脆,强度高,吸水率小,耐久性好,易出现弯曲变形;欠火砖颜色浅,敲击时声音暗哑,强度低,吸水率大,耐久性差。

　　国家标准《烧结普通砖》(GB 5101—2003)规定,强度、抗风化性能和放射性物质合格的砖,根据尺寸偏差、外观质量、泛霜和石灰爆裂可分为优等品(A)、一等品(B)和合格品(C)三个质量等级,各项技术指标应满足下列要求。

　　1. 尺寸偏差和外观质量

　　(1)规格及部位名称。烧结普通砖的外形为直角六面体,长 240mm,宽 115mm,厚53mm。其中,240mm×115mm 的面称为大面,240mm×53mm 的面称为条面,115mm×53mm 的面称为顶面。

　　(2)尺寸偏差和外观质量。烧结普通砖的优等品必须颜色一致,尺寸允许偏差和外观质量应符合表 5-1-1、表 5-1-2 中所列数值。产品中不允许有欠火砖、酥砖和螺旋纹砖。

表 5-1-1　烧结普通砖尺寸允许偏差

单位:mm

公称尺寸	优等品(A)		一等品(B)		合格品(C)	
	样本平均偏差	样本极差≤	样本平均偏差	样本极差≤	样本平均偏差	样本极差≤
240	±2.0	8	±2.5	8	±3.0	8
115	±1.5	6	±2.0	6	±2.5	6
53	±1.5	4	±1.6	5	±2.0	5

表 5-1-2　烧结普通砖外观质量

单位:mm

项　目		优等品(A)	一等品(B)	合格品(C)
两条面高度差 ≤		2	3	4
弯曲≤		2	3	4
杂质凸出高度≤		2	3	4
缺棱掉角的三个破坏尺寸不得同时 >		5	20	30
裂纹长度	①大面上宽度方向及其延伸至条面的长 ≤	30	60	80
	②大面上长度方向及其延伸至顶面的长度或条面、顶面上水平裂纹的长度≤	50	80	100
完整面不得少于		两条面和两顶面	一条面和一顶面	—
颜色		基本一致	—	—
备注	为装饰而施加的色差、凹凸纹、拉毛、压花等不算缺陷			

注:凡有下列缺陷之一者,不得称为完整面:
　a. 缺损在条面上或顶面上造成的破坏面尺寸同时大于10mm×10mm;
　b. 条面上或顶面上裂纹宽度大于1mm,长度超过30mm;
　c. 压陷、粘底、焦花在条面或顶面上的凹陷或凸出超过2mm,区域尺寸同时大于10mm×10mm。

2. 强度等级

烧结普通砖按抗压强度分为 MU30、MU25、MU20、MU15、MU10 等五个强度等级。各强度等级应符合表5-1-3所列数值。

表 5-1-3　烧结普通砖强度等级

单位:MPa

强度等级	抗压强度平均值f≥	变异系数δ≤0.21	变异系数δ>0.21
		强度标准值f_k≥	单块最小抗压强度值f_{min}≥
MU30	30.0	22.0	25.0
MU25	25.0	18.0	22.0
MU20	20.0	14.0	16.0
MU15	15.0	10.0	12.0
MU10	10.0	6.5	10.0

烧结普通砖的产品标记按产品名称、类别、强度等级、质量等级和标准编号顺序编写。示例:烧结普通砖,强度等级MU15,一等品的黏土砖,其标记为:烧结普通砖 N MU15 B GB 5101。

3. 耐久性指标

当烧结砖的原料中含有有害杂质或烧结工艺不当时,可造成砖的质量缺陷而影响耐久性,主要的缺陷和耐久性指标如下。

(1)泛霜

当生产原料中含有可溶性无机盐时,在烧结过程中就会隐含在烧结砖内部。砖吸水后再次干燥时这些可溶性盐会随水分向外迁移并渗到砖的表面,水分蒸发后便留下白色粉末、絮团或絮片状的盐,这种现象称为泛霜。泛霜不仅有损建筑物的外观,而且结晶膨胀还会引起砖的表层酥松,甚至剥落。泛霜指标应符合表5-1-4的要求。

表5-1-4 烧结普通砖泛霜指标

项　　目	优等品(A)	一等品(B)	合格品(C)
泛霜	无泛霜	不允许出现中等泛霜	不允许出现严重泛霜

(2)石灰爆裂

生产烧结砖的原料中夹有的石灰石等杂物,焙烧时将被烧成生石灰块等物质。使用时,生石灰吸水熟化,体积显著膨胀,导致砖块出现裂缝甚至崩溃,这种现象称为石灰爆裂。石灰爆裂不仅能造成砖的外观缺陷和强度降低,严重时还能使砌体的强度降低、破坏。石灰爆裂应符合表5-1-5的要求。

表5-1-5 烧结普通砖石灰爆裂技术标准

项　　目	优等品(A)	一等品(B)	合格品(C)
石灰爆裂	不允许出现最大破坏尺寸>2mm的爆裂区域	①2mm<最大破坏尺寸<10mm的爆裂区域,每组砖样不得多于15处; ②不得出现最大破坏尺寸>10mm的爆裂区域	①2mm<最大破坏尺寸≤15mm的爆裂区域,每组砖样不得多于15处,其中>10mm的不得多于7处; ②不得出现最大破坏尺寸>15mm的爆裂区域

(3)抗风化性能和抗冻性

抗风化性能是指在干湿变化、温度变化、冻融变化等物理因素作用下,长期不被破坏并保持原有性质的能力。抗风化性能指标应符合表5-1-6所列数值。

我国风化区的划分如表5-1-7所示。

表 5-1-6　烧结普通砖抗风化性能指标

项目名称	严重风化区				非严重风化区			
	5h沸煮吸水率/% ≤		饱和系数≤		5h沸煮吸水率/% ≤		饱和系数≤	
	平均值	单块最大值	平均值	单块最大值	平均值	单块最大值	平均值	单块最大值
黏土砖	18	20	0.85	0.87	19	20	0.88	0.90
粉煤灰砖	21	23			23	25		
页岩砖	16	18	0.74	0.77	18	20	0.78	0.80
煤矸石砖								

注：粉煤灰掺入量（体积比）小于30%时，抗风化性能按黏土砖规定判定。

表 5-1-7　我国风化区的划分

严重风化区		非严重风化区	
1. 黑龙江省 2. 吉林省 3. 辽宁省 4. 内蒙古自治区 5. 新疆维吾尔自治区 6. 宁夏回族自治区 7. 甘肃省	8. 青海省 9. 陕西省 10. 山西省 11. 河北省 12. 北京市 13. 天津市	1. 山东省 2. 河南省 3. 安徽省 4. 江苏省 5. 湖北省 6. 江西省 7. 浙江省	8. 四川省 9. 贵州省 10. 湖南省 11. 福建省 12. 中国台湾 13. 广东省
		14. 广西壮族自治区 15. 海南省 16. 云南省 17. 西藏自治区 18. 上海市 19. 重庆市	

严重风化区中1—5地区的砖必须做冻融试验。其他地区的砖的吸水率和饱和系数指标若能达到表5-1-6的要求，可不再进行冻融试验；否则，必须进行冻融试验。冻融试验后，每块砖不允许出现裂缝、分层、掉皮、缺棱、掉角等现象，质量损失不得大于2%。

烧结普通砖除可用于砌筑承重墙体或非承重墙体外，还可砌筑砖柱、拱、烟囱、筒拱式过梁和基础等，也可与轻质混凝土、保温隔热材料等配合使用。在砖砌体中，配置适当的钢筋或钢丝网，可作为薄壳结构、钢筋砖过梁等。

黏土砖的缺点是：制砖取土大量毁坏良田，砖自重大，消耗能源，污染环境，成品尺寸小，施工效率低，抗震性能差等。因此，我国正大力推广一些新型墙体材料，如空心砖、工业废渣砖及砌块、轻质板材等来代替实心黏土砖。

二、烧结多孔砖

烧结多孔砖通常指内孔径不大于22mm（圆孔直径不大于22mm，非圆孔内切圆直径不大于15mm），孔洞率不小于25%，孔的尺寸小而数量多的烧结砖。砖的外形为直角六面体，砖的长度、宽度、高度尺寸应符合下列要求:290mm,240mm,190mm,180mm;175mm,140mm,115mm,90mm。工程上常用的有190mm×190mm×90mm(M型)和240mm×115mm×90mm(P型)两种规格,如图5-1-2所示。

图5-1-2 烧结多孔砖

1. 尺寸偏差和外观质量

国家标准《烧结多孔砖》(GB 13544—2000)规定,强度和抗风化性能合格的砖,根据尺寸偏差、外观质量、孔型及孔洞排列、泛霜、石灰爆裂可分为优等品(A)、一等品(B)、合格品(C)三个质量等级。各质量等级烧结多孔砖的尺寸允许偏差和外观质量应符合表5-1-8、表5-1-9中所列数值。产品中不允许有欠火砖、酥砖和螺旋纹砖。

表5-1-8 烧结多孔砖尺寸允许偏差

单位:mm

公称尺寸	优等品(A)		一等品(B)		合格品(C)	
	样本平均偏差	样本极差≤	样本平均偏差	样本极差≤	样本平均偏差	样本极差≤
290、240	±2.0	6	±2.5	7	±3.0	8
190、180、175、140、115	±1.5	5	±2.0	6	±2.5	7
90	±1.5	4	±1.7	5	±2.0	6

表5-1-9 烧结多孔砖外观质量

单位:mm

项 目	优等品(A)	一等品(B)	合格品(C)
1. 颜色(一条面和一顶面)	一致	基本一致	—
2. 完整面不得少于	一条面和一顶面	一条面和一顶面	—
3. 缺棱掉角的三个破坏尺寸不得同时大于	15	20	30

续表

项　目		优等品（A）	一等品（B）	合格品（C）
4. 裂纹长度	（1）大面上深入孔壁15mm以上宽度方向及其延伸到条面的长度≤	60	80	100
	（2）大面上深入孔壁15mm以上宽度方向及其延伸到顶面的长度≤	60	100	120
	（3）条、顶面上的水平裂纹长度≤	80	100	120
5. 杂质在砖面上造成的凸出高度≤		3	4	5

注：①为装修而施加的色差、凹凸纹、拉毛、压花等不算缺陷。

②凡有下列缺陷之一者，不得称为完整面：

a. 缺损在条面上或顶面上造成的破坏面尺寸同时大于10mm×10mm；

b. 条面上或顶面上裂纹宽度大于1mm，其长度超过30mm；

c. 压陷、粘底、焦花在条面或顶面上的凹陷或凸出超过2mm，区域尺寸同时大于10mm×10mm。

2. 强度等级

烧结多孔砖根据抗压强度分为MU30、MU25、MU20、MU15、MU10五个强度等级，各个强度等级的抗压强度应符合表5-1-10所列数值。

表 5-1-10　烧结多孔砖强度等级

单位：MPa

强度等级	抗压强度平均值f≥	变异系数$\delta \geq 0.21$	变异系数$\delta < 0.21$
		强度标准值f_k≥	单块最小抗压强度值f_{min}<
MU30	30.0	22.0	25.0
MU25	25.0	18.0	22.0
MU20	20.0	14.0	16.0
MU15	15.0	10.0	12.0
MU10	10.0	6.5	7.5

砖的产品标记按产品名称、品种、规格、强度等级、质量等级和标准编号顺序编写。示例：规格尺寸290mm×140mm×90mm，强度等级MU25，优等品的黏土砖，其标记为：烧结多孔砖 N 290×140×90 25A GB 13544。

3. 耐久性指标

（1）泛霜和石灰爆裂

同烧结普通砖，应符合表5-1-4和表5-1-5的要求。

（2）抗风化性能和抗冻性

严重风化区中1—5地区的砖必须做抗冻性试验。其他风化区的砖的吸水率和饱和系数指标若能达到表5-1-11的要求,可不再做冻融试验;否则,必须做冻融试验。冻融试验后,每块砖不允许出现裂纹、分层、掉皮、缺棱、掉角等冻坏现象。

表5-1-11　烧结多孔砖抗风化性能指标

项目名称	严重风化区				非严重风化区			
	5h沸煮吸水率/% ≤		饱和系数≤		5h沸煮吸水率/% ≤		饱和系数≤	
	平均值	单块最大值	平均值	单块最大值	平均值	单块最大值	平均值	单块最大值
黏土砖	21	23	0.85	0.87	23	25	0.88	0.90
粉煤灰砖	23	25			30	32		
页岩砖	16	18	0.74	0.77	18	20	0.78	0.80
煤矸石砖	19	21			21	23		

注:粉煤灰掺入量(体积比)小于30%时,抗风化性能按黏土砖规定判定。

4. 烧结多孔砖的应用

烧结多孔砖可代替烧结普通砖,用于建筑物的承重墙体。其中,优等品可以用于墙体装饰和清水墙砌筑,一等品和合格品可用于混水墙,中等泛霜的砖不得用于潮湿部位。

三、烧结空心砖

烧结空心砖是指孔洞率大于或等于35%,孔的尺寸大而数量少的烧结砖。外形为直角六面体。孔洞采用矩形条孔或其他孔型,平行于大面和条面,如图5-1-3所示。

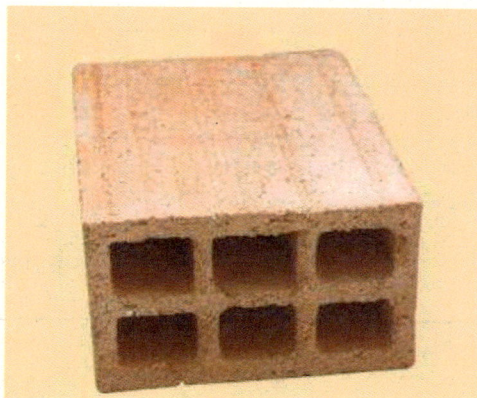

图5-1-3　烧结空心砖

空心砖的长度、宽度、高度尺寸应符合下列要求：390mm，290mm，240mm，190mm；180（175）mm，140mm，115mm，90mm。其他规格可由供需双方协商确定。

1. 尺寸偏差和外观质量

国家标准《烧结空心砖和空心砌块》(GB 13545—2003)规定，烧结空心砖的尺寸允许偏差和外观质量应符合表5-1-12和表5-1-13的规定。

表5-1-12 烧结空心砖尺寸允许偏差

单位：mm

公称尺寸	优等品(A)		一等品(B)		合格品(C)	
	样本平均偏差	样本极差≤	样本平均偏差	样本极差≤	样本平均偏差	样本极差≤
>300	±2.5	6	±3.5	7	±3.5	8
200—300	±2.0	5	±2.5	6	±3.0	7
100—200	±1.5	4	±2.0	5	±2.5	6
<100	±1.5	3	±1.7	4	±2.0	5

表5-1-13 烧结空心砖外观质量

单位：mm

项　目	优等品(A)	一等品(B)	合格品(C)
1. 弯曲≤	3	4	5
2. 缺棱掉角的三个破坏尺寸不得同时>	15	30	40
3. 垂直度差≤	3	4	5
4. 未贯穿裂纹长度≤			
(1)大面上宽度方向及其延伸到条面的长度	不允许	100	120
(2)大面上长度方向或条面上水平方向的长度	不允许	120	140
5. 贯穿裂纹长度			
(1)大面上宽度方向及其延伸到条面的长度	不允许	40	60
(2)壁、肋沿长度方向、宽度方向及其水平方向的长度	不允许	40	60
6. 肋、壁内残缺长度≤	不允许	40	60
7. 完整面不少于	一条面和一大面	一条面和一大面	—

2. 密度等级

烧结空心砖根据密度不同，可分为800、900、1000、1100四个密度等级，各级别的密度等级对应的 5 块砖的密度平均值分别为小于 800kg/m³、801—900kg/m³、901—1000kg/m³ 和 1001—1100kg/m³。

3. 强度等级

空心砖根据抗压强度,可分为 MU10.0、MU7.5、MU5.0、MU3.5、MU2.5 五个强度等级,各等级强度值应符合表 5-1-14 的要求。

表 5-1-14　烧结空心砖强度等级

单位:MPa

强度等级	抗压强度平均值 $f \geqslant$	变异系数 $\delta \leqslant 0.21$	变异系数 $\delta > 0.21$
		强度标准值 $f_k \geqslant$	单块最小抗压强度值 $f_{min} \geqslant$
MU10.0	10.0	7.0	8.0
MU7.5	7.5	5.0	5.8
MU5.0	5.0	3.5	4.0
MU3.5	3.5	2.5	2.8
MU2.5	2.5	1.6	1.8

4. 质量等级

强度、密度、抗风化性能和放射性物质合格的空心砖,根据尺寸偏差、外观质量、孔洞排列及其结构和物理性能可分为优等品(A)、一等品(B)和合格品(C)三个等级。

烧结空心砖一般可用于砌筑填充墙和非承重墙。

多孔砖和空心砖与普通砖相比,可使建筑自重减轻 1/3 左右,节约黏土 20%—30%,节省燃料 10%—20%,造价可降低 20%,施工效率可提高 40%;并能改善砖的隔热和隔声性能,在相同的热工要求下,用空心砖砌筑的墙体厚度可减半砖左右。因此,推广使用多孔砖、空心砖代替普通砖是加快我国墙体材料改革的重要措施之一。

四、非烧结砖

不经焙烧而制成的砖均为非烧结砖。常见的品种有蒸压灰砂砖、蒸压(养)粉煤灰砖等。

1. 蒸压灰砂砖

蒸压灰砂砖是以石灰、砂(也可以掺入颜料和外加剂)为原料,经制坯、压制成型、蒸压养护而制成的实心砖,有彩色(Co)和本色(N)两种,如图 5-1-4 所示。

图5-1-4　蒸压灰砂砖

蒸压灰砂砖的外形、公称尺寸与烧结普通砖相同。国家标准《蒸压灰砂砖》(GB 11945—1999)规定,蒸压灰砂砖根据抗压强度和抗折强度可划分为MU25、MU20、MU15、MU10四个强度等级,各等级强度值应符合表5-1-15的要求,抗冻性应符合表5-1-16所列数值;根据外观质量、尺寸偏差、强度和抗冻性可分为优等品(A)、一等品(B)、合格品(C)三个质量等级。彩色砖的颜色应基本一致,无明显色差。

表5-1-15　蒸压灰砂砖强度指标

单位:MPa

强度级别	抗压强度		抗折强度	
	平均值≥	单块值≥	平均值≥	单块值≥
MU25	25.0	20.0	5.0	4.0
MU20	20.0	16.0	4.0	3.2
MU15	15.0	12.0	3.3	2.6
MU10	10.0	8.0	2.5	2.0

注:优等品的强度级别不得小于MU15级。

表5-1-16　蒸压灰砂砖抗冻性指标

单位:MPa

强度级别	冻后抗压强度平均值/MPa≥	单块砖的干质量损失/%≤
MU25	20.0	2.0
MU20	16.0	2.0
MU15	12.0	2.0
MU10	8.0	2.0

注:优等品的强度级别不得小于MU15级。

蒸压灰砂砖中,强度等级为 MU25、MU20、MU15 的砖可用于基础和其他建筑,强度等级为 MU10 的砖仅可用于防潮层以上的建筑。蒸压灰砂砖不得用于长期受热 200℃以上、受急冷急热和有酸性介质侵蚀的建筑部位,也不适用于有流水冲刷的建筑部位。

2. 蒸压(养)粉煤灰砖

蒸压(养)粉煤灰砖是以粉煤灰、石灰和水泥为主要原料,掺加适量石膏、外加剂、颜料和骨料,经高压或常压蒸汽养护而制成的实心粉煤灰砖。砖的外形、公称尺寸与烧结普通砖相同,如图 5-1-5 所示。

图 5-1-5　蒸压(养)粉煤灰砖

建筑材料行业标准《粉煤灰砖》(JC 239—2001)规定,粉煤灰砖有彩色(Co)和本色(N)两种,分为 MU30、MU25、MU20、MU15、MU10 五个强度等级,各等级强度值应符合表 5-1-17 的要求,抗冻性应符合表 5-1-18 所列数值。根据尺寸偏差、外观质量、强度等级和干燥收缩值可分为优等品(A)、一等品(B)和合格品(C)三个质量等级,优等品的强度等级不低于 MU15。干燥收缩值为:优等品和一等品不大于 0.65mm/m,合格品不大于 0.75mm/m。碳化系数 $K_c \geq 0.8$。

表 5-1-17　蒸压(养)粉煤灰砖强度指标

单位:MPa

强度等级	抗压强度		抗折强度	
	10块平均值≥	单块值≥	10块平均值≥	单块值≥
MU30	30.0	24.0	6.2	5.0
MU25	25.0	20.0	5.0	4.0
MU20	20.0	16.0	4.0	3.2
MU15	15.0	12.0	3.3	2.6
MU10	10.0	8.0	2.5	2.0

表 5-1-18　蒸压(养)粉煤灰砖抗冻性指标

强度等级	冻后抗压强度,平均值/MPa/≥	单块砖的干质量损失/%≤
MU30	24.0	
MU25	20.0	
MU20	16.0	2.0
MU15	12.0	
MU10	8.0	

　　蒸压(养)粉煤灰砖可用于工业及民用建筑的墙体和基础,但用于基础或用于易受冻融和干湿交替作用的建筑部位,必须使用 MU15 及以上强度等级的砖;不得用于长期受热200℃以上、受急冷急热和有酸性介质侵蚀的建筑部位。

第二节　建筑砌块

　　砌块是指砌筑用的人造石材,多为直角六面体。砌块主规格尺寸中的长度、宽度和高度,至少有一项分别大于365mm、240mm、115mm,但高度不大于长度或宽度的6倍,长度不超过高度的3倍。

　　砌块的分类方法有很多,按用途可划分为承重砌块和非承重砌块;按有无空洞可划分为实心砌块(无洞或空心率小于25%)和空心砌块(空心率不小于25%);按产品规格可分为大型砌块(主规格高度大于980mm)、中型砌块(主规格高度为380—980mm)和小型(主规格高度为115—380mm)砌块;按材质可分为混凝土砌块、硅酸盐砌块、轻骨料混凝土砌块等。

一、混凝土小型空心砌块

　　混凝土小型空心砌块是以水泥为胶结材料,以砂、碎石或卵石、煤矸石、炉渣为骨料,加水搅拌,经振动加压或冲压成型、养护而成的小型砌块,如图5-2-1所示。

　　国家标准《普通混凝土小型空心砌块》(GB 8239—1997)规定,砌块主规格尺寸为390mm×190mm×190mm,要求最小外壁厚不小于30mm,最小肋厚不小于25mm。按尺寸偏差、外观质量划分为优等品(A)、一等品(B)和合格品(C)。尺寸偏差、外观质量应符合表5-2-1和表5-2-2所列数值;空心率应不小于25%。按抗压强度分为MU3.5、MU5.0、MU7.5、MU10.0、MU15.0、MU20.0六个级别,每个强度等级的抗压强度值应符合表5-2-3所列数值。

图5-2-1　混凝土小型空心砌块

表5-2-1　混凝土小型空心砌块尺寸允许偏差

单位：mm

项目名称	优等品（A）	一等品（B）	合格品（C）
长度	±2	±3	±3
宽度	±2	±3	±3
高度	±2	±3	+3/-4

表5-2-2　混凝土小型空心砌块外观质量

单位：mm

项目名称	优等品（A）	一等品（B）	合格品（C）
掉角缺棱个数≤	0	2	2
掉角缺棱三个方向投影尺寸的最小值≤	0	20	30
裂纹延伸的投影尺寸累计≤	0	20	30
弯曲≤	2	2	3

表5-2-3　混凝土小型空心砌块强度等级

单位：MPa

强度等级	砌块抗压强度	
	平均值≥	单块最小值≥
MU3.5	3.5	2.8
MU5.0	5.0	4.0
MU7.5	7.5	6.0
MU10.0	10.0	8.0
MU15.0	15.0	12.0
MU20.0	20.0	16.0

采用轻骨料时称为轻骨料混凝土小型空心砌块,其性能应符合国家标准的规定。用于采暖地区的一般环境时,抗冻性应达到D15;用于干湿交替环境时,抗冻性应达到D25;冻融试验后,质量损失不大于2%,强度损失不大于25%。

二、粉煤灰小型空心砌块

粉煤灰小型空心砌块是指以粉煤灰、水泥、各种轻重骨料、水为主要组分拌合而制成的小型空心砌块,如图5-2-2所示。其中,粉煤灰用量不应低于原材料质量的20%;水泥用量不应低于原材料质量的10%。

图5-2-2　粉煤灰小型空心砌块

建筑材料行业标准《粉煤灰小型空心砌块》(JC 862—2000)规定,砌块的主规格尺寸为390mm×190mm×190mm,其他规格尺寸可由供需双方商定。按孔的排数分为单排孔(1)、双排孔(2)、三排孔(3)和四排孔(4)四类。按强度等级分为MU2.5、MU3.5、MU5.0、MU7.5、MU10.0、MU15.0六个等级。按尺寸偏差、外观质量、碳化系数分为优等品(A)、一等品(B)和合格品(C)三个等级。粉煤灰小型空心砌块的尺寸偏差、外观质量和强度等级应符合表5-2-4、表5-2-5和表5-2-6所列数值。

表5-2-4　粉煤灰小型空心砌块尺寸允许偏差

单位:mm

项目名称	优等品(A)	一等品(B)	合格品(C)
长度	±2	±3	±3
宽度	±2	±3	±3
高度	±2	±3	+3/-4

表 5-2-5　粉煤灰小型空心砌块外观质量

单位:mm

项目名称	优等品(A)	一等品(B)	合格品(C)
缺棱掉角个数≤	0	2	2
三个方向投影的最小值≤	0	20	30
裂缝延伸投影的累计尺寸≤	0	20	30
弯曲≤	2	3	4

表 5-2-6　粉煤灰小型空心砌块强度等级

单位:MPa

强度等级	抗压强度	
	平均值≥	单块最小值≥
MU2.5	2.5	2.0
MU3.5	3.5	2.8
MU5.0	5.0	4.0
MU7.5	7.5	6.0
MU10.0	10.0	8.0
MU15.0	15.0	12.0

　　粉煤灰小型空心砌块是一种新型材料,主要用于工业与民用建筑的墙体和基础;但不适用于有酸性侵蚀介质的密封性要求高的、易受较大震动的建筑物,以及高温、潮湿环境条件下的承重墙。

三、蒸压加气混凝土砌块

　　蒸压加气混凝土砌块是以钙质材料(水泥、石灰等)和硅质材料(矿渣和粉煤灰)为主要原料,加入铝粉做加气剂,经蒸压养护而成的多孔轻质块体材料,简称加气混凝土砌块(以下简称砌块),如图5-2-3所示。

图5-2-3　蒸压加气混凝土砌块

　　国家标准《蒸压加气混凝土砌块》(GB 11968—2006)规定,砌块长度为600mm,宽度为100mm、120mm、125mm、150mm、180mm、200mm、240mm、250mm、300mm,高度为200mm、240mm、250mm、300mm。按抗压强度分为A1.0、A2.0、A2.5、A3.5、A5.0、A7.5、A10.0等七个级别,按干密度划分为B03、B04、B05、B06、B07、B08等六个级别。按尺寸偏差、外观质量、干密度、抗压强度和抗冻性分为优等品(A)和合格品(B)两个等级。砌块的尺寸允许偏差和外观质量应符合表5-2-7和表5-2-8所列数值;各等级砌块的抗压强度应符合表5-2-9所列数值;砌块的强度级别、干密度、干燥收缩、抗冻性、导热系数(干态)应符合表5-2-10所列数值。

表5-2-7　砌块的尺寸允许偏差

单位:mm

项目名称	优等品(A)	合格品(B)
长度	±3	±4
宽度	±1	±2
高度	±1	±2

表5-2-8　砌块的外观质量

单位:mm

项　目		优等品(A)	合格品(B)
缺棱掉角	最小尺寸/mm≤	0	30
	最大尺寸/mm≤	0	70
	大于以上尺寸的缺棱掉角个数/个≤	0	2
裂纹长度	贯穿一棱两面的裂纹长度不得大于裂纹所在面的裂纹方向尺寸总和的	0	1/3
	任一面上的裂纹长度不得大于裂纹方向尺寸的	0	1/2
	大于以上尺寸的裂纹条数/条≤	0	2
平面弯曲		不允许	
表面疏松、层裂、油污		不允许	
爆裂、黏模和损坏深度/mm≤		10	30

表5-2-9　砌块的抗压强度

单位:MPa

项　目	强度级别	平均值≥	单组最小值≥
立方体抗压强度	A1.0	1.0	0.8
	A2.0	2.0	1.6

续表

项　目	强度级别	平均值≥	单组最小值≥
立方体抗压强度	A2.5	2.5	2.0
	A3.5	3.5	2.8
	A5.0	5.0	4.0
	A7.5	7.5	6.0
	A10.0	10.0	8.0

表5-2-10　砌块的强度级别、干密度、干燥收缩、抗冻性和导热系数

干密度级别		B03	B04	B05	B06	B07	B08
强度级别	优等品（A）	A1.0	A2.0	A3.5	A5.0	A7.5	A10.0
	合格品（B）			A2.5	A3.5	A5.0	A7.5
干密度	优等品（A）≤	300	400	500	600	700	800
	合格品（B）≤	325	425	525	625	725	825
干燥收缩值	标准法/mm≤	0.50					
	快测法/mm≤	0.80					
抗冻性	质量损失不大于/%≤	5.0					
	冻后强度 /MPa≥ 优等品（A）	0.8	1.6	2.8	4.0	6.0	8.0
	合格品（B）			2.0	2.8	4.0	6.0
导热系数（干态）/［W/(m·K)］≤		0.10	0.12	0.14	0.16	0.18	0.2

注：规定采用标准法、快速法测定砌块干燥收缩值，若测定结果发生矛盾不能判定时，则以标准法测定的结果为准。

　　砌块的常用品种有加气粉煤灰砌块和蒸压矿渣砂加气混凝土砌块。砌块具有表观密度小。保温性及耐火性好、易加工、抗震性好、施工方便等优点。砌块适用于低层建筑的承重墙，多层和高层建筑的隔离墙、填充墙及工业建筑物的维护墙体等。

本章小结

　　砖是砌筑用的小型块材，按生产工艺可分为烧结砖和非烧结砖。

　　烧结普通砖是以黏土、页岩、粉煤灰、煤矸石为主要原料，经焙烧制成的孔洞率小于15%

的砖。

国家标准《烧结普通砖》(GB 5101—2003)规定,强度、抗风化性能和放射性物质合格的砖,根据尺寸偏差、外观质量、泛霜和石灰爆裂可分为优等品(A)、一等品(B)和合格品(C)三个质量等级。

烧结多孔砖通常指内孔径不大于22mm(圆孔直径不大于22mm,非圆孔内切圆直径不大于15mm),孔洞率不小于25%,孔的尺寸小而数量多的烧结砖。

国家标准《烧结多孔砖》(GB 13544—2000)规定,强度和抗风化性能合格的砖,根据尺寸偏差、外观质量、孔型及孔洞排列、泛霜、石灰爆裂,可分为优等品(A)、一等品(B)和合格品(C)三个质量等级。

烧结空心砖是指孔洞率大于或等于35%,孔的尺寸大而数量少的烧结砖。外形为直角六面体。

不经焙烧而制成的砖均为非烧结砖。常见的品种有蒸压灰砂砖、蒸压(养)粉煤灰砖等。

蒸压灰砂砖是以石灰、砂(也可以掺入颜料和外加剂)为原料,经制坯、压制成型、蒸压养护而制成的实心砖。蒸压(养)粉煤灰砖是以粉煤灰、石灰和水泥为主要原料,掺加适量石膏、外加剂、颜料和骨料,经高压或常压蒸汽养护而制成的实心粉煤灰砖。

砌块是指砌筑用的人造石材,多为直角六面体。

混凝土小型空心砌块是以水泥为胶结材料,以砂、碎石或卵石、煤矸石、炉渣为骨料,加水搅拌,经振动加压或冲压成型、养护而成的小型砌块。

粉煤灰小型空心砌块是指以粉煤灰、水泥、各种轻重骨料、水为主要组分拌合而制成的小型空心砌块。

蒸压加气混凝土砌块是以钙质材料(水泥、石灰等)和硅质材料(矿渣和粉煤灰)为主要原料,加入铝粉做加气剂,经蒸压养护而成的多孔轻质块体材料,简称加气混凝土砌块。

蒸压加气混凝土砌块常用品种有加气粉煤灰砌块和蒸压矿渣砂加气混凝土砌块。

复习思考题

1. 为何要限制使用烧结黏土砖,发展新型墙体材料?

2. 多孔砖与空心砖有何异同点?

3. 什么是蒸压加气混凝土砌块?

4. 焙烧温度对砖质量有何影响? 如何鉴别欠火砖和过火砖?

第六章
建筑装饰材料

　　建筑装饰材料是指用于建筑物表面(如墙面、柱面、地面及顶棚等)起装饰作用的材料,也称装饰材料或饰面材料。一般是在建筑主体工程(结构工程和管线安装等)完成后铺设、粘贴或涂刷在建筑物表面。

　　装饰材料除了对建筑物起装饰美化作用,满足人们的美感需求外,通常还起着保护建筑物主体结构和改善建筑物使用功能的作用,是房屋建筑中不可缺少的一类材料。在普通建筑物中,装饰材料的费用占建筑材料成本的50%左右;在豪华型建筑物中,装饰材料的费用占建筑材料成本80%以上。

　　本章主要介绍装饰材料的基本特征及选用原则,简要介绍装饰石材、建筑陶瓷、建筑涂料、其他装饰材料等的品种、性能和应用。通过学习,主要掌握装饰材料的基本特征及选用原则,了解常用的各种装饰材料的性能和应用。

第一节　装饰石材

　　建筑上应用的装饰石材品种齐全、种类繁多,而且新品种不断出现,质量也在不断提高。目前,国内外常用的装饰石材包括以下几种。

一、天然石材

　　天然石材是指由天然岩体中开采出来的毛料,经加工而成的板状或块状的饰面材料。用于建筑装饰的石材主要有大理石板和花岗岩板两大类。通常以其磨光加工后所显示的花色、特征及石材产地来命名。饰面板材一般有正方形和矩形两种,常用规格为厚20mm,宽150—915mm,长300—1220mm,也可加工成8—12mm厚的薄板及异型板材。

1. 大理石板材

大理石板材是由大理石荒料(即从矿山开采出来的具有规则形状的天然大理石块)经锯切、研磨、抛光等加工而成的板材。

大理石的主要矿物组成是方解石和一些杂质,如氧化铁、二氧化硅、云母、石墨、蛇纹石等杂质,使大理石呈现出红、黄、黑、绿、灰、褐等多种色彩组成的花纹,可谓色彩斑斓,磨光后极为美丽典雅。纯净的大理石为白色,洁白如玉,晶莹生辉,故称汉白玉。纯白和纯黑的大理石属名贵品种,是重要建筑物的高级装饰材料。

天然大理石板材虽为高级饰面材料,但由于其主要化学成分为$CaCO_3$,如长期用于室外,会受到酸雨以及空气中酸性氧化物遇水形成的酸类侵蚀,生成易溶于水的石膏,从而失去表面光泽,变得粗糙多孔,甚至出现斑点等现象,从而降低装饰效果。因此,除了少数质地纯正、杂质少、比较稳定耐久的品种,如汉白玉、艾叶青等大理石可用于外墙饰面,一般大理石不宜用于室外装饰。几种常见大理石,如图6-1-1—图6-1-4所示。

图6-1-1 艾叶青大理石

图6-1-2 汉白玉大理石

图6-1-3 大理石1

图6-1-4 大理石2

2. 花岗岩板材

花岗石是一种由火山爆发的熔岩在受到相当压力的熔融状态下隆起至地壳表层,岩浆不喷出地面,而在地底下慢慢冷却凝固后形成的构造岩,是一种深层酸性火成岩,属于岩浆岩(火成岩)。花岗石以石英、长石和云母为主要成分。其中,长石含量为40%—60%;石英含量为20%—40%。其颜色决定于所含成分的种类和数量。岩质坚硬密实。

花岗岩板材是将花岗岩经锯片、磨光、修边等加工而成的板材。常根据其在建筑物中使用部位的不同,加工成剁斧板、机创板、粗磨板、磨光板。

花岗岩板材的颜色取决于所含长石、云母及暗色矿物的种类和数量,常呈灰色、黄色、蔷薇色、淡红色及黑色等,质感丰富,磨光后色彩斑斓、华丽庄重,且材质坚硬、化学稳定性好、抗压强度高和耐久性很好,使用年限可达500—1000年。但因花岗岩中含大量石英,石英在573℃和870℃的高温下均会发生晶态转变,产生体积膨胀,故火灾时花岗岩会产生严重开裂破坏现象。

花岗岩是公认的高级建筑装饰材料,但由于其开采运输困难、修琢加工及铺贴施工耗工费时,因此造价较高,一般只用于重要的大型建筑中。花岗岩剁斧板多用于室外地面、台阶、基座等处;机创板一般用于地面、台阶、基座、踏步、檐口等处;粗磨板常用于墙面、柱面、台阶、基座、纪念碑、墓碑等处;磨光板因其具有色彩绚丽的花纹和光泽,故多用于室内外墙面、地面、柱面等的装饰,以及旱冰场地面、纪念碑、奠碑等处。

大理石板材与花岗岩板材的性能对比,如表6-1-1所示。

表6-1-1 大理石板材与花岗岩板材的性能对比

性能 \ 品种	大理石板材	花岗石板材
矿物组成	方解石、白云石	长石、石英、云母
花纹特点	云状、片状、枝条形花纹	繁星状、斑点状花纹
体积密度	2600—2700kg/m³	2600—2800kg/m³
装饰特点	磨光后质感细腻、平滑,雕刻后亦具有阴柔之美	磨光板材色泽质地庄重大方,非磨光板材质感厚重、庄严,雕刻后具有阳刚之气
抗压强度	70—140MPa	120—250MPa
莫氏硬度	硬度较小,仅为3—4	硬度大
耐磨性能	耐磨性差,故磨光等加工容易	耐磨性好,故加工困难
耐火性能	耐火性好	耐火性差
化学性能	耐酸性差,耐碱性较好	化学稳定性好,有较强的耐酸性
耐风化性	差	好
使用年限	比花岗岩寿命短	使用寿命可达200年以上
放射性物质	与具体组成有关	与具体组成有关,放射性物质多于大理石

常见的几种花岗岩板材,如图6-1-5—图6-1-8所示。

图 6-1-5　花岗岩 1

图 6-1-6　花岗岩 2

图 6-1-7　花岗岩 3

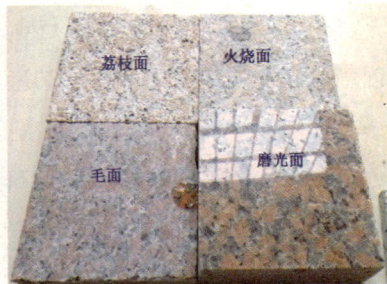

图 6-1-8　花岗岩 4

二、人造石材

人造石材是以天然石材碎料、石英砂、石渣等为集料，以树脂或水泥等为胶结料，经拌合、成型、聚合或养护后，再经打磨、抛光、切割而成的饰面材料。

人造石材具有天然石材的质感，但重量轻、强度高、耐腐蚀、耐污染、可锯切、钻孔施工方便，适用于墙面、门套或柱面装饰，也可用作工厂、学校等的工作台面及各种卫生洁具，还可以加工成浮雕、工艺品等。与天然石材相比，人造石材是一种比较经济的饰面材料。

人造石材根据使用的胶结材料不同，可分为以下四类。

1. 树脂型人造石材

这种人造石材一般以不饱和树脂为胶结料，以石英砂、大理石碎粒或粉等无机材料为集料，经搅拌混合、浇筑、固化、脱模、烘干、抛光等工序制成。不饱和树脂的黏度低，易于成型，且可以在常温下固化。产品光泽好、基色浅，可调制成各种鲜亮的颜色。

2. 水泥型人造石材

这种人造石材以各种水泥为胶结料，以砂和大理石或花岗岩碎粒等为集料，经配料、搅拌、成型、养护、磨光、抛光等工序制成。水泥胶结剂除硅酸盐水泥外，也可用铝酸盐水泥。如果采用铝酸盐水泥和表面光洁的模板，则制成的人造石材表面有较高的光泽度。这是由于铝酸盐水泥水化后生成大量的氢氧化铝凝胶,这些水化产物与光滑的模板相接触,形成致密结构而具有光泽。

这类人造石材的耐腐蚀性较差,且表面容易出现微小龟裂和泛霜,不宜用作卫生洁具,也不宜用于外墙装饰。

3. 复合型人造石材

这类人造石材所用的胶结料中,既有有机聚合物树脂,又有无机水泥,其制作工艺可以采用浸渍法,即将无机材料(如水泥砂浆)成型的坯体浸渍在有机单体中,然后使单体聚合。对于板材,基层一般用性能稳定的水泥砂浆,面层用树脂和大理石碎粒或粉末调制的浆体制成。

4. 烧结型人造石材

烧结型人造石材的生产工艺类似于陶瓷,是把高岭土、石英、斜长石等混合配料,制成泥浆,成型后经1000℃左右的高温焙烧而成。

以上种类的人造石材中,目前使用最广泛的是以不饱和聚酯树脂为胶结料生产的树脂型人造石材(图6-1-9)。由于生产时所加颜料不同,采用的天然石料的种类、粒度和纯度不同,以及制作的工艺方法不同,因此所制成的人造石材的花纹、图案、颜色和质感不同,通常制成仿天然大理石、天然花岗岩和天然玛瑙石的花纹和图案,分别称为人造大理石、人造花岗岩和人造玛瑙。

图6-1-9　树脂型人造石材

第二节　建筑陶瓷

陶瓷是把黏土原料、瘠性原料及溶剂原料经过适当的配比、粉碎、成型并在高温熔烧情况下,经过一系列物理化学作用后形成的一种坚硬物质,是陶器和瓷器的总称。

建筑陶瓷是用于建筑物墙面、地面及卫生设备的陶瓷材料及制品,产品主要分陶瓷面砖和卫生陶瓷两大类。建筑陶瓷具有坚固耐久、色彩鲜明、防火防潮、耐磨耐蚀、不变质、不褪色、易清洁、维修费用低等优点,并具有丰富的艺术装饰效果,是现代建筑常用的装饰材料和卫生设备材料。

一、陶瓷面砖

陶瓷面砖是外墙砖、釉面砖和地砖的总称,是用于墙面、地面等贴面的薄片或薄板状陶瓷质装修材料,也可用作炉灶、浴池、洗涤槽等贴面材料,有内墙面砖、外墙面砖、地砖、陶瓷锦砖和陶瓷壁画等。

1. 内墙面砖

内墙面砖也称釉面砖,是适用于建筑物室内装饰的薄型精陶制品。它由多孔坯体和表面釉层两部分组成。表面釉层有结晶釉、花釉、有光釉等不同类别。釉面砖按釉面层颜色可分为单色(含白色)、花色和图案砖等。正方形釉面砖有 100mm×100mm、152mm×152mm、200mm×200mm,长方形釉面砖有 152mm×200mm、200mm×300mm、250mm×330mm、300mm×450mm、300mm×600mm 等。釉面砖色泽柔和典雅、朴实大方,热稳定性好,防潮、防火、耐酸碱、表面光滑、易清洗,但吸水率较大,主要用于厨房、卫生间、浴室、实验室、医院等室内墙面、台面等。其因多孔坯体和表面釉层的吸水率、膨胀率相差较大,在室外受到日晒雨淋及温度变化时易开裂或剥落,故不宜用于外墙装饰和地面材料。常见的几种釉面砖如图 6-2-1—图 6-2-3 所示。

图 6-2-1　釉面砖 1　　　　　　图 6-2-2　釉面砖 2　　　　　　图 6-2-3　釉面砖 3

2. 外墙面砖

外墙面砖是镶嵌于建筑物外墙面上的片状陶瓷制品,是采用品质均匀且耐火度较高的黏土经压制成型后焙烧而成的。根据面砖表面的装饰情况,可分为表面不施釉的单色砖(又称墙面砖)、表面施釉的彩釉砖、表面既有彩釉又有凸起的花纹图案的立体彩釉砖以及表面施釉并做成花岗岩花纹表面的仿花岗岩釉面砖等。背面多带凹凸不平的条纹,便于与灰浆牢固黏结。

外墙面砖的主要规格尺寸很多,常用规格为200mm×100mm和150mm×75mm,且厚度为8—12mm的矩形制品。底面吸水率一般大于8%,表观密度为1800kg/m³左右,抗压强度为10MPa左右,能经受25次冻融循环。可见,外墙面砖具有强度高、耐磨、抗冻、防水、不易污染和装饰效果好等特点。外墙面铺贴面砖后,不仅能大大提高建筑物的艺术效果,而且能提高建筑物的耐久性。外墙面砖也可用于内墙和地面装饰。常见的几种外墙面砖,如图6-2-4和图6-2-5所示。

图6-2-4　外墙面砖1

图6-2-5　外墙面砖2

3. 地砖

地砖是一种地面装饰材料,也叫地板砖,用黏土烧制而成,规格有多种,质坚、耐压耐磨,能防潮。有的地砖经上釉处理,具有装饰作用。地砖多用于公共建筑和民用建筑的地面和楼面。

地砖花色品种非常多,可供选择的余地很大,按材质可分为釉面砖、通体砖(防滑砖)、抛光砖、玻化砖等。地砖作为一种大面积铺设的地面材料,利用自身的颜色、质地可营造出风格迥异的居室环境。

市场上砖的种类齐全,可以根据自己的预算和喜好选择品牌,根据居室的风格设计选择相应风格的地砖。色彩明快的玻化砖可用于装饰现代的家居生活,沉稳古朴的釉面砖放在中式、欧式风格的房间里相得益彰,马赛克的不同材质、不同拼接运用为居室添加万种风情,而创意新颖、气质不俗的花砖又起到画龙点睛的作用。下面介绍几种常见的地砖。

(1)通体砖

很多人对通体砖的概念存在误解,这应该从瓷砖的生产工艺说起。在瓷砖的生产过程中,有一道工序名为"布料",即将陶瓷粉料均匀分布在压机备压台上,当完成布料工序以后,由大吨位的陶瓷压机将粉料压成砖坯,最后经过窑炉焙烧成为瓷砖。

所谓通体砖,是指在布料工序中,分布在压机备压台上的所有粉料为同一种粉料,焙烧后的瓷砖从底到面为一样的花纹、一样的颜色。

相对于通体砖来说,还有"二次布料"的瓷砖,也就是在布料工序中,先布一种底料,然后在底料上面再布一层面料,再经由陶瓷压机成型。这是为了降低瓷砖的生产成本。例如在生产白色瓷砖的时候,由于白色粉料价格昂贵,因此用普通的灰料作为底料,就可以节省一半以上的贵价粉料。这种瓷砖只要看侧面,就可以发现粉料是分为两层的。通体砖的表面不上釉,而且正面和反面的材质和色泽一致。通体砖是一种耐磨砖,虽然还有渗花通体砖等品种,但相对来说,其花色比不上釉面砖。由于室内设计越来越倾向于素色设计,因此通体砖越来越成为一种时尚,广泛用于厅堂、过道和室外走道等装修项目的地面;一般较少用于墙面。多数防滑砖就属于通体砖。

(2)抛光砖

抛光砖就是对通体砖坯体的表面进行打磨而制成的一种光亮砖,属于通体砖的一种。相对于通体砖而言,抛光砖的表面要光洁得多。抛光砖坚硬耐磨,适合在除洗手间、厨房以外的多数室内空间中使用。在运用渗花技术的基础上,抛光砖可以做出各种仿石、仿木效果。抛光砖抛光时会留下凹凸气孔,这些气孔会藏污纳垢,甚至一些茶水倒在抛光砖上都无力回天。也许业界意识到了这点,后来一些质量好的抛光砖在出厂时都加了一层防污层,但这层防污层又使抛光砖失去了通体砖的效果。装修界也有在施工前打上水蜡防污的做法。

(3)玻化砖

为了解决抛光砖出现的易脏问题,又出现了一种玻化砖。玻化砖其实就是全瓷砖。其表面光洁但又不需要抛光,所以不存在抛光气孔的问题。玻化砖是一种强化的抛光砖,它采用高温烧制而成,质地比抛光砖更硬更耐磨。毫无疑问,它的价格也同样更高。玻化砖主要用于地砖。

(4)马赛克

马赛克的体积是各种瓷砖中最小的,一般俗称块砖。马赛克给人一种怀旧的感觉,是20世纪90年代装饰墙面和地面的材料。马赛克组合变化的可能非常多,比如在一个平面上,可以有多种表现方法:抽象的图案,同色系深浅跳跃或过渡,为瓷砖等其他装饰材料做纹样点缀等。对于房间曲面或转角处,玻璃马赛克更能发挥它小身材的特长,能够把弧面包盖得平滑完整。马赛克一般分为陶瓷马赛克、玻璃马赛克、熔融玻璃马赛克、烧结玻璃马赛克、金星玻璃马赛克等。马赛克除正方形外,还有长方形和异形品种。

常见的地砖,如图6-2-6所示。

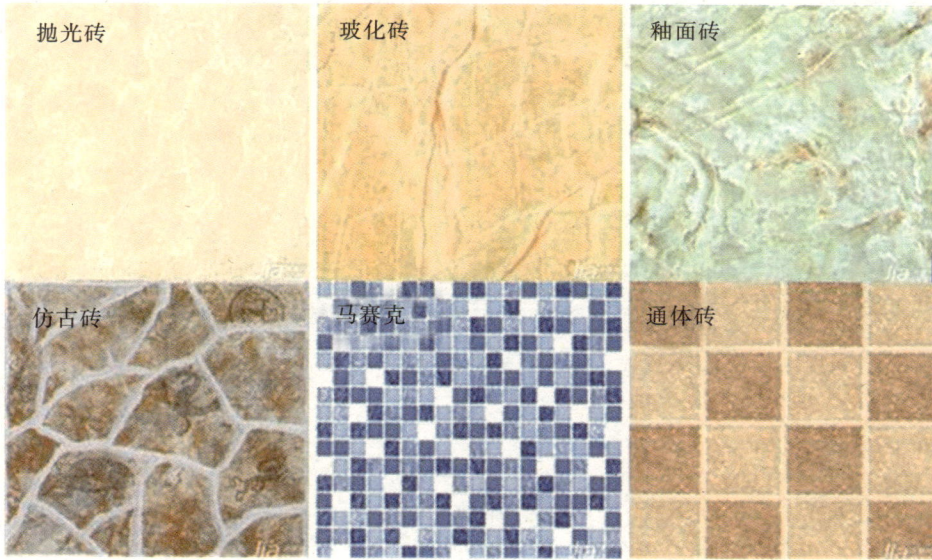

图6-2-6　常见地砖图集

二、卫生陶瓷

卫生陶瓷是用优质黏土作原料,经配制料浆、灌浆成型、上釉焙烧而成。产品要求表面光洁,吸水率小,强度高,耐腐蚀。发展趋势是要求设备配套,占地面积小,造型美观,色彩协调,使用方便、舒适。建筑上所用的卫生陶瓷包括各种盥洗器、大小便器、浴盆等。

卫生间、厨房和试验室等场所用的带釉陶瓷制品,也称卫生洁具。按制品材质分,有熟料陶(吸水率小于18%)、精陶(吸水率小于12%)、半瓷(吸水率小于5%)和瓷(吸水率小于0.5%)四种,其中以瓷制材料的性能为最好。熟料陶用于制造立式小便器及浴盆等大型器具,其余三种用于制造中、小型器具。各国的卫生陶瓷根据其使用环境条件,选用不同的材质制造。常见的卫生陶瓷,如图6-2-7、图6-2-8所示。

图6-2-7　卫生陶瓷1

图6-2-8　卫生陶瓷2

第三节　涂料

建筑涂料可按使用部位、溶剂特性、涂膜形态不同进行分类。

按使用部位不同,建筑涂料可分为木器涂料、内墙涂料、外墙涂料和地面涂料。

按溶剂特性不同,建筑涂料可分为溶剂型涂料、水溶性涂料和乳液型涂料。

按涂膜形态不同,建筑涂料可分为薄质涂料、厚质涂料、复层涂料和砂壁状涂料。

一、内墙涂料

内墙涂料就是一般装修用的乳胶漆。乳胶漆即是乳液型涂料,按照基材的不同,分为聚醋酸乙烯乳液和丙烯酸乳液两大类。乳胶漆以水为稀释剂,是一种施工方便、安全、耐水洗、透气性好的涂料,它可根据不同的配色方案调配出不同的色泽。内墙涂料分为水性内墙漆、油性内墙漆和干粉型内墙漆,属水性涂料,主要由水、乳液、颜料、填料、添加剂五种成分构成。

第一类是低档水溶性涂料,是将聚乙烯醇溶解在水中,再在其中加入颜料等其他助剂制成。为改进其性能和降低成本采取了多种途径,牌号很多,最常见的是106、803涂料。该类涂料具有价格便宜、无毒、无臭、施工方便等优点。由于其成膜物是水溶性的,所以用湿布擦洗后总要留下一些痕迹,耐久性也不好,易泛黄变色,但其价格便宜。目前低档水溶性涂料消耗量仍最大,多为中低档居室或临时居室室内墙装饰选用。

第二类是乳胶漆,是以水为介质,以丙烯酸酯类、苯乙烯-丙烯酸酯共聚物、醋酸乙烯酯类聚合物的水溶液为成膜物质,加入多种辅助成分制成。其成膜物是不溶于水的,涂膜的耐水性和耐候性比第一类大大提高了,湿擦洗后不留痕迹,并有平光、高光等不同装饰类型。由于其色彩较少,装饰效果与106类相似,再加上宣传力度不够,价格又比106类涂料高得多,所以尚未被普遍认识。其实,这两类涂料完全不是一个档次的,乳胶漆在国外用得十分普遍,是一种有发展前景的内墙装饰涂料。

第三类是新型的粉末涂料,包括硅藻泥(其主要成分是硅藻土,硅藻土是一种生物成因的硅质沉积岩,主要由古代硅藻的遗骸所组成)、海藻泥(海藻泥是一种以海藻类沉积矿物质为主要成分的新型健康装饰涂料,是目前最环保的涂料品种之一。海藻泥不仅健康环保,有很好的装饰性,还具有功能性,是替代壁纸和乳胶漆的新一代室内装饰材料。海藻泥不易沾染灰尘,防火阻燃,耐水抗潮,防污防霉)、活性炭墙材等,是目前比较环保的涂料。粉末涂料,直接兑水,工艺配合专用模具施工,深受消费者和设计师的喜爱。硅藻泥墙面的装饰效果,如图6-3-1、图6-3-2所示。

图6-3-1 硅藻泥墙面装饰效果1

图6-3-2 硅藻泥墙面装饰效果2

第四类是水性仿瓷涂料,其装饰效果细腻、光洁、淡雅,价格不高,施工工艺繁杂,耐湿擦性差。水性仿瓷涂料(环保配方):包含方解石粉、锌白粉、轻质碳酸钙、双飞粉、灰钙粉。其特征在于它采用水溶性甲基纤维素和乙基纤维素的混合胶体溶液来作为混合粉料的溶剂。该仿瓷材涂中各组成物的主要配比为:方解石粉20—25份,锌白粉5—15份,轻质碳酸钙15—25份,双飞粉20—35份,灰钙粉15—25份,蒸馏水70份,甲基纤维素0.6份,乙基纤维素0.4份。该水性仿瓷涂料配方中可掺入适量钛白粉。该水性仿瓷涂料在调配和施工中不存在刺激性气味和其他有害物质。

仿瓷涂料不但在家装和墙艺中有运用,而且在工艺品中也可以达到很好的效果,用这种涂料喷涂的产品仿瓷效果可以达到逼真的程度。

第五类是多彩涂料。该涂料的成膜物质是硝基纤维素,以水包油形式分散在水相中,一次喷涂可以形成多种颜色花纹。

第六类是液体墙纸,又称液体壁纸,也叫墙纸漆,英文名为Liquid Wallpaper,是集墙纸和乳胶漆优点于一身的环保型涂料,是一种新型墙艺漆,可根据装修者的意愿创造出不同的视觉效果,既克服了乳胶漆色彩单一、无层次感的缺陷,也避免了壁纸容易变色、翘边、有接口等缺点;是流行趋势较大的内墙装饰涂料,效果多样,色彩任意调制,而且可以任意订制效果;相比于第四类有超强的耐摩擦性和抗污性,而且工艺配合专用模具施工方便。目前,大约分为十大类别,可有500多种花样、100多种颜色。

二、外墙涂料

外墙涂料是用于涂刷建筑外立墙面的,所以最重要的一项指标就是抗紫外线照射性能,要求达到长时间照射不变色。2013年以来,节能环保的液态石水性涂料越来越受到人们的关注。部分外墙涂料还要求有抗水性能和自涤性。漆膜要硬而平整,脏污一冲就掉。外墙涂料能用于内墙涂刷,因为它也具有抗水性能;而内墙涂料因不具备抗晒功能,所以不能当作外墙涂料使用。

外墙装饰直接暴露在大自然中,经受风吹、雨淋、日晒的侵袭,故要求涂料耐水、耐污染、耐老化以及有良好的附着力和保色性,同时还要有抗冻融性好、成膜温度低等特点。

1. 外墙涂料的分类

按照装饰质感不同,外墙涂料可分为四类。

(1)薄质外墙涂料:质感细腻,用料较省,也可用于内墙装饰,包括平面涂料、沙壁状涂料、云母状涂料。

大部分彩色丙烯酸有光乳胶漆,均系薄质涂料。它是以有机高分子材料为主要成膜物质,加上不同的颜料、填料和骨料而制成的薄涂料。其特点是耐水、耐酸、耐碱、抗冻融等。

使用时注意事项:施工后4—8h避免雨淋,预计有雨则停止施工;风力在4级以上时不宜施工;气温在5℃以上方可施工;施工器具不能沾上水泥、石灰等。

(2)复层花纹涂料:花纹呈凹凸状,富有立体感。

复层花纹类外墙涂料,是以丙烯酸脂乳液和高分子材料为主要成膜物质的、有骨料的新型建筑涂料。分为底釉涂料、骨架涂料、面釉涂料三种。

底釉涂料,起对底材表面进行封闭的作用,同时增加骨料和基材之间的结合力。

骨架涂料,是涂料特有的一层成型层,是主要构成部分,它增加了喷塑涂层的耐久性、耐水性及强度。

面釉涂料,是喷塑涂层的表面层,其内加入各种耐晒彩色颜料,使其面层带上柔和的色彩。按不同的需要,深层分为有光和平光两种。面釉涂料起美化喷塑深层和增加耐久性的作用。

复层花纹涂料的特点:耐候能力好;对墙面有很好的渗透作用,结合牢固;使用不受温度限制,0℃以下也可施工;施工方便,可采用多种喷涂工艺;可以按照要求配置成各种颜色,等等。

(3)彩砂涂料:用染色石英砂、瓷粒云母粉为主要原料,色彩新颖,晶莹绚丽。

彩砂涂料是以丙烯酸共聚乳液为胶黏剂,以高温烧结的彩色陶瓷粒或天然带色的石屑作为骨料,外加添加剂等多种助剂配置而成的。

该涂料无毒,无溶剂污染,快干,不燃,耐强光,不褪色,耐污染性能好。利用骨料的不同组配可以使深层色彩形成不同层次,取得类似于天然石材的丰富色彩的质感。彩砂涂料的品种有单色和复色两种。

单色:粉红、铁红、紫色、咖啡色、棕色、黄色、绿色、棕黄色、黑色等系列。

复色:由单色组成,形成一种基色,还可附以其他颜色的斑点,质感更加丰富。

彩砂涂料主要用于各种板材及水泥砂浆抹面的外墙面装饰。

（4）厚质涂料：可喷，可涂，可滚，可拉毛，也能做出不同质感的花纹。

厚质类外墙涂料是丙烯酸凹凸乳胶底漆，它是以有机高分子材料——苯乙烯、丙烯酸、乳胶液为主要成膜物质，加上不同的颜料、填料和骨料而制成的厚涂料。

其特点是具有良好的耐水性、耐碱性、耐污染性、耐候性，施工维修容易。

2. 性能要求

（1）装饰性好。要求外墙涂料色彩丰富且保色性优良，能较长时间保持原有的装饰性能。

（2）耐候性好。外墙涂料因涂层暴露于大气中，要经受风吹、日晒、盐雾腐蚀、雨淋、冷热变化等作用，在这些外界自然环境的长期反复作用下，涂层易发生开裂、粉化、剥落、变色等现象，使涂层失去原有的装饰保护功能。因此，要求外墙涂料在规定的使用年限内，涂层不发生上述破坏现象。

（3）耐沾污性好。我国不同地区环境条件差异较大，一些重工业、矿业发达的城市，由于大气中灰尘及其他悬浮物质较多，从而使易沾污涂层失去原有的装饰效果，影响建筑物外貌。因此，外墙涂料应具有较好的耐沾污性，使涂层不易被污染或污染后容易清洗。

（4）耐水性好。外墙涂料饰面暴露在大气中，会经常受到雨水的冲刷。因此，外墙涂料涂层应具有较好的耐水性。

（5）耐霉变性好。外墙涂料饰面在潮湿环境中易发霉。因此，要求涂膜能抑制霉菌和藻类繁殖生长。

（6）弹性要求高。裸露在外的涂料，受气候、地质等因素影响严重，弹性外墙乳胶漆是一种专为外墙设计的涂料，能更好地长久保持墙面平整光滑。

另外，根据设计功能要求不同，对外墙涂料也提出了更高要求：如在各种外墙外保温系统涂层应用，要求外墙涂层具有较好的弹性延伸率，以更好地适应由于基层变形而出现面层开裂，对基层的细小裂缝具有遮盖作用；对于仿铝塑板装饰效果的外墙涂料还应具有更好的金属质感、超长的户外耐久性等。

三、地面涂料

地面涂料的主要功能是装饰与保护室内地面，使地面清洁美观，与其他装饰材料一同创造优雅的室内环境。为了获得良好的装饰效果，地面涂料应具有以下特点：耐碱性好、黏结力强、耐水性好、耐磨性好、抗冲击力强、涂刷施工方便及价格合理等。

地面涂料包括溶剂型地面涂料、乳液型地面涂料和合成树脂厚质地面涂料。

溶剂型地面涂料包括过氯乙烯地面涂料、丙烯酸-硅树脂地面涂料、聚氨酯-丙烯酸酯地面涂料。其为薄质涂料，涂覆在水泥砂浆地面的抹面层上，起装饰和保护作用。

乳液型地面涂料有聚醋酸乙烯地面涂料等。

合成树脂厚质地面涂料包括环氧树脂厚质地面涂料、聚氨酯弹性地面涂料、不饱和聚酯地面涂料等。该类涂料常采用刮涂方法施工，涂层较厚，可与塑料地板相媲美。

(1)过氯乙烯地面涂料具有干燥快、与水泥地面结合好、耐水、耐磨、耐化学药品腐蚀等优点。施工时有大量有机溶剂挥发，易燃，要注意防火、通风。

(2)聚氨酯-丙烯酸酯地面涂料具有涂膜外观光亮平滑，有瓷质感，良好的装饰性、耐磨性、耐水性及耐酸碱、耐化学药品腐蚀等优点。其适用于图书馆、健身房、舞厅、影剧院、办公室、会议室、厂房、车间、机房、地下室、卫生间等水泥地面的装饰。

(3)环氧树脂厚质地面涂料是以黏度较小、可在室温条件下固化的环氧树脂(如E44、E42等牌号)为主要成膜物质，加入固化剂、增塑剂、稀释剂、填料、颜料等配制而成的双组分固化型地面涂料。环氧树脂厚质地面涂料黏结力强，膜层坚硬耐磨且有一定的韧性，耐久、耐酸、耐碱、耐有机溶剂、耐火、防尘，可涂饰各种图案，但施工操作比较复杂。其适用于机场、车库、实验室、化工车间等室内外水泥地面的装饰。

四、木器涂料

木器涂料用于家具饰面或室内木装修，常称为油漆。传统的木器涂料品种有清油、清漆、调和漆、磁漆等，新型木器涂料有聚酯树脂漆、聚氨酯漆等。

1. 传统的油漆品种

(1)清油。清油又称熟油，是由干性油或干性油与半干性油的混合油加热熬炼并加少量催干剂而制成的浅黄至棕黄色黏稠液体。

(2)清漆。清漆为不含颜料的透明漆。其主要成分是树脂和溶剂或树脂、油料和溶剂，为人造漆的一种。清漆一般不加入颜料，涂刷于材料表面。溶剂挥发后干结成光亮的透明薄膜，能显示出材料表面原有的花纹。清漆易干、耐用，并耐酸、耐油，可刷、可喷、可烤。

(3)调和漆。调和漆是以干性油和颜料为主要成分制成的油性不透明漆。其稀稠适度时，可直接使用。油性调和漆中加入清漆，则得磁性调和漆。

(4)磁漆。磁漆是以清漆为基础加入颜料等研磨而制得的黏稠状不透明漆，漆膜光亮坚硬。磁漆色泽丰富、附着力强，适用于室内装修和家具，也可用于室外的钢铁和木材表面。常用的有醇酸磁漆、酚醛磁漆等品种。

2. 聚酯树脂漆

聚酯树脂漆是以不饱和聚酯和苯乙烯为主要成膜物质的无溶剂型漆。其特性是：可高温固化，也可常温固化(施工温度不低于15℃)，干燥速度快。漆膜丰满厚实，有较好的光泽度、保光性及透明度，硬度高、耐磨、耐热、耐寒、耐水、耐多种化学药品的腐蚀。聚酯树脂漆含固量高,涂饰一次漆膜厚可达200—300μm。固化时溶剂挥发少,污染小。

其缺点是:漆膜附着力差,稳定性差,不耐冲击。聚酯树脂漆为双组分固化型,施工配制较麻烦,涂膜破损后不易修补。涂膜干性不易掌握,表面易受氧阻聚。

聚酯树脂漆主要用于高级地板涂饰和家具涂饰。施工时,应注意不能用虫胶漆或虫胶腻子打底,否则会降低黏附力。施工温度应不低于15℃,否则固化困难。

3. 聚氨酯漆

聚氨酯漆是以聚氨酯为主要成膜物质的木器涂料。

其特性是:可高温固化,也可常温或低温(0℃以下)固化,故可现场施工,也可工厂化涂饰。聚氨酯漆装饰效果好,漆膜坚硬,韧性高,附着力强,涂膜强度高,高度耐磨,具有优良的耐溶性和耐腐蚀性。其缺点是含有游离异氰酸酯(TD),污染环境,遇水或潮气时易胶凝起泡,保色性差,遇紫外线照射时易分解,漆膜泛黄。聚氨酯漆广泛用于竹地板、木地板、船甲板的涂饰。

第四节　墙纸与墙布

墙纸,也称为壁纸,是一种用于裱糊墙面的室内装修材料,广泛用于住宅、办公室、宾馆、酒店的室内装修等。材质不局限于纸,也包含其他材料。

因为具有色彩多样、图案丰富、豪华气派、安全环保、施工方便、价格适宜等多种其他室内装饰材料所无法比拟的特点,故在欧美、日本等发达国家和地区得到相当程度的普及。

一、塑料壁纸

塑料壁纸是以一定的材料为基材,表面进行涂塑后,再经过压延、涂布以及印刷、轧花、发泡等工艺而制成的一种墙面装饰材料。塑料壁纸是目前国内外使用广泛的一种室内墙面装饰材料,也可用于顶棚、梁柱等处的贴面装饰。

1. 塑料壁纸的特点

塑料壁纸与传统的织物纤维壁纸相比,具有以下优点。

(1)装饰效果好。由于塑料壁纸表面可进行印花、压花、发泡处理,能仿天然石材、木纹及锦缎,可印制适合各种环境的花纹图案,色彩也可任意调配,做到自然流畅、清淡高雅。

(2)性能优越。根据需要可加工成具有难燃、隔热、吸声、防霉等性能,且不易结露,不怕水洗,不易受机械损伤的产品。

(3)粘贴方便。塑料壁纸的湿纸状态强度仍较好,耐拉耐拽,易于粘贴,且透气性能好,可在尚未完全干燥的墙面上粘贴,而不致起鼓、剥落,施工简单,陈旧后易于更换。

(4)使用寿命长,易维修保养。表面可清洗,对酸碱有较强的抵抗能力,易于保持墙面的清洁。

2. 常用塑料壁纸的种类

塑料壁纸大致可分为三大类:普通塑料壁纸、发泡塑料壁纸和特种塑料壁纸。每种塑料壁纸又有3个或4个品种,有几十种乃至上百种花色。

(1)普通塑料壁纸。普通塑料壁纸是以 $80g/cm^2$ 的纸为基材,涂以 $100g/cm^2$ 左右的聚氯乙烯糊状树脂,经印花、压花等工序制成的。它又包括以下几种。

第一种,单色压花墙纸。这种墙纸是经凸版轮转热轧花机加工而成的,可制成仿丝绸、织锦缎等多种花色。

第二种,印花、压花墙纸。这种墙纸是经多套色凹版轮转印刷机印花后再轧花而成的,可印有各种色彩图案并压有布纹、隐条凹凸花纹等双重花纹,故又称为艺术装饰墙纸。

第三种,有光印花墙纸和平光印花墙纸。有光印花墙纸是在抛光辊轧的面上印花,表面光洁明亮;平光印花墙纸是在消光辊轧平的面上印花,表面平整柔和,以满足用户的不同需求。

(2)发泡塑料壁纸。发泡塑料壁纸是以 $100g/cm^2$ 的纸为基材,涂以 $300—400g/cm^2$ 掺有发泡剂的聚氯乙烯糊状料,经印花后,再加热发泡而成的。这类墙纸有高发泡印花、低发泡印花、低发泡印花压花等品种。高发泡印花墙纸发泡较大,表面富有弹性的凹凸花纹,是一种装饰、吸声多功能墙纸,常用于影剧院和住房天花板等装饰。低发泡印花墙纸是在发泡平面印有图案的品种。低发泡印花压花墙纸采用的是化学压花的方法,即用有不同抑制发泡作用的油墨印花后再发泡,使表面形成具有不同色彩的凹凸花纹图案,所以也叫化学浮雕。该品种还有仿木纹、拼花、仿瓷砖等花色,图样逼真,立体感强,装饰效果好,并有弹性,适用于室内墙裙、客厅和内走廊的装饰。

(3)特种塑料壁纸。特种墙纸也有很多品种,常用的有耐水墙纸、防火墙纸、彩色砂粒墙纸、风景壁画墙纸等。耐水墙纸用玻璃纤维毡作为基材,以适应卫生间、浴室等墙面的装饰。防火墙纸用 $100—200g/cm^2$ 的石棉纸作为基材,并在聚氯乙烯涂塑材料中掺加阻燃剂,因此具有一定的阻燃、防火性能,适用于防火要求较高的建筑和木板面装饰。表面彩色砂粒墙纸是在基材上散布彩色砂粒,再喷涂黏结剂,使表面具有砂粒毛面,一般用于门厅、柱头、走廊等局部装饰。

3. 塑料壁纸的规格及技术要求

(1)塑料壁纸的规格。目前,塑料壁纸的规格有以下几种。

窄幅小卷:幅宽530—600mm,长10—12m,每卷5—6m²。

中幅中卷：幅宽 760—900mm，长 25—50m，每卷 25—45m²。

宽幅大卷：幅宽 920—1200mm，长 50m，每卷 46—50m²。

小卷墙用壁纸施工方便，选购数量和花色都比较灵活，最适合民用，家庭可自行粘贴。中卷、大卷墙用壁纸粘贴时施工效率高，接缝少，适合专业人员施工。

（2）塑料壁纸的技术要求。塑料壁纸的技术要求，按我国企业标准主要有以下几个方面。

①外观。塑料壁纸的外观是影响装饰效果的主要项目，一般不允许有色差、折印和明显的污点，不允许有漏印，压花墙纸压花应达到规定深度，不允许有光面。

②褪色性试验。将壁纸试样在老化试验机内经碳棒光照 20h 后不应有褪色和变色现象。

③耐摩擦性。将壁纸用干的白布在摩擦机上干磨 25 次，用湿的白布湿磨 2 次后不应有明显的掉色现象，即白布上不应沾色。

④湿强度。将壁纸放入水中浸泡 5min 后取出用滤纸吸干，测定其抗拉强度应大于 2.0N/15mm。

⑤可擦性。可擦性指粘贴壁纸的黏合剂可用湿布或海绵擦去而不留下明显痕迹的性能。

⑥施工性。将壁纸按要求用聚醋酸乙烯乳液和淀粉混合（7:3）的黏合剂粘贴在硬木板上，经过 2h、4h、24h 后观察不应有剥落现象。

二、织物壁纸

织物壁纸主要有纸基织物壁纸和麻草壁纸两种。

1. 纸基织物壁纸

纸基织物壁纸是以棉、麻、毛等天然纤维制成各种色泽、花色和粗细不一的纺线，经特殊工艺处理和巧妙的艺术编排，黏合于纸基上而制成的。这种壁纸面层的艺术效果主要是通过各色纺线的排列来达到的，有的用纺线排出各种花纹，有的有荧光，有的线中央有金、银丝，使壁纸呈现金光点点，同时还可压制成浮雕绒面图案。

纸基织物壁纸的特点是色彩柔和幽雅，墙面立体感强，吸声效果好，耐日晒，不褪色，无毒无害，无静电，不反光，且具有透气性，能调节室内湿度。其适用于宾馆、饭店、办公楼、会议室、接待室、疗养院、计算机房、广播室及家庭卧室等室内墙面装饰。

2. 麻草壁纸

麻草壁纸是以纸为基底，以编织的麻草为面层，经复合加工而制成的墙面装饰材料。麻草壁纸具有吸声、阻燃、散潮气、不吸尘、不变形等特点，并具有自然、古朴、粗犷的大自然之美。其适用于会议室、接待室、影剧院、酒吧、舞厅以及饭店、宾馆的客房等墙壁贴面装饰，也可用于商店的橱窗设计。

三、玻璃纤维印花贴墙布

玻璃纤维印花贴墙布是以中碱玻璃纤维布为基料,表面涂以耐磨树脂,印上彩色图案而制成的。其特点是:玻璃布本身具有布纹质感,经套色印花后,装饰效果好,且色彩鲜艳,花色多样,室内使用不褪色、不老化、防水、耐湿性强,便于清洗,价格低廉,施工简单,粘贴方便。玻璃纤维印花贴墙布适用于宾馆、饭店、工厂净化车间、民用住宅等室内墙面装饰,尤其适用于室内卫生间、浴室等墙面的装饰。

玻璃纤维印花贴墙布在使用中应防止硬物与墙面发生摩擦;否则,表面树脂涂层磨损后会散落出玻璃纤维,损坏墙布。另外,在运输和储存过程中应横向放置、放平,切勿立放,以免损伤两侧布边。当墙布有污染和油迹时,可用肥皂水清洗,切勿用碱水清洗。

四、无纺贴墙布

无纺贴墙布是采用棉、麻等天然纤维或涤、腈等合成纤维,经过无纺成型、上树脂、印刷彩色花纹等工序而制成的。

无纺贴墙布的特点是:挺括,富有弹性,不易折断,纤维不老化、不散失,对皮肤无刺激作用,墙布色彩鲜艳、图案雅致,具有一定的透气性和防潮性,可擦洗而不褪色,粘贴施工方便。无纺贴墙布适用于各种建筑物的室内墙面装饰,尤其是涤纶无纺贴墙布,除具有麻质无纺贴墙布的所有性能外,还具有质地细洁、光滑等特点,特别适用于高级宾馆、住宅等墙面的装饰。

五、化纤装饰贴墙布

化纤装饰贴墙布是以化学纤维织成的布(单纶或多纶)为基材,经一定处理后印花而成的。所谓多纶,是指多种化纤与棉纱混纺织成的贴墙布。常用的化学纤维有黏胶纤维、醋酸化纤、丙纶、腈纶、锦纶、涤纶等。

化纤装饰贴墙布具有无毒、无味、透气、防潮、耐磨、不分层等特点,适用于宾馆、饭店、办公室、会议室及民用住宅的内墙面装饰。

六、棉纺装饰墙布

棉纺装饰墙布是以纯棉平布为基材,经过处理、印花、涂布耐磨树脂等工序制作而成的。这种墙布的特点是:强度大,静电小,蠕变性小,无光,吸声,无毒,无味,对施工人员和用户均无害,花型色泽美观大方。棉纺装饰墙布适用于宾馆、饭店及其他公共建筑、高级民用住宅建筑的内墙装饰,也适用于水泥砂浆墙面、混凝土墙面、白灰墙面以及石膏板、纤维板、石棉水泥板等墙面基层的粘贴或浮挂装饰。

七、高级墙面装饰织物

高级墙面装饰织物是指锦缎、丝绒、呢料等织物,这些织物由于纤维材料、制造方法以及处理工艺不同,所产生的质感和装饰效果也就不同,但均能给人以极美的感受。锦缎也称织锦缎,由于丝织品的质感与丝光效应,其显得绚丽多彩、高雅华贵,具有很好的装饰效果,常用于高档室内墙面的浮挂装饰,也可用于室内高级墙面的裱糊装饰。但其价格昂贵、柔软易变形、施工难度大、不能擦洗、不耐脏、不耐光、易留下水渍的痕迹、易发霉,故其应用受到了很大的限制。丝绒色彩华丽,质感厚实温暖,格调高雅,主要用于高级建筑室内窗帘、柔隔断或浮挂装饰,可营造出富贵、豪华的氛围。粗毛呢料、纺毛化纤织物、麻类织物质感粗实厚重,具有温暖感,吸声性能好,还能从纹理上显示出厚实、古朴等特色,适用于高级宾馆等公共厅堂柱面的裱糊装饰。

第五节　装饰和装修中的木材

作为建筑室内装修与装饰材料,是木材应用的一个主要方面。它能给人以自然美的享受,还能使室内空间产生温暖与亲切感。室内常用的木装修和木装饰有以下几种。

一、条木地板

条木地板是室内使用最普遍的木质地面装修材料,它由龙骨、水平撑和地板三部分组成。地板有单层和双层两种。双层地板中的下层为毛板,面层为硬木条板,硬木条板多选用水曲柳、柞木、枫木、柚木、榆木等硬质树材;单层条木板常选用松、杉等软质树材。条板宽度一般不大于120mm,板厚为20—30mm,材质上要求采用不易腐朽和变形开裂的优质板材。

条木地板自重轻、弹性好、脚感舒适、导热性小,故冬暖夏凉,且易于清洁。条木地板被公认为是优良的室内地面装饰材料,它适用于办公室、会议室、会客室、休息室、宾馆客房、幼儿园及仪器室等场所。

二、拼花木地板

拼花木地板是较高级的室内地面装修材料,分双层和单层两种,两者面层均为拼花硬木板,双层板下层为毛板。面层拼花板材多选用水曲柳、柞木、核桃木、榆木、槐木等质地优良、不易腐朽开裂的硬木树材。拼花小木条的尺寸一般为:长250—300mm,宽40—60mm,厚20—25cm,木条一般均带有企口。双层拼花木地板的固定方法是将面层小板条用暗钉钉在毛板上。单层拼花木地板可采用适宜的粘接材料,将硬木面板条直接粘贴于混凝土基层上。

拼花木地板纹理美观,耐磨性好,且拼花小木板一般均经过远红外线法干燥,含水率恒定(约12%),因而变形小,易保持地面平整、光滑而不翘曲变形。拼花木地板分高、中、低三个档次,高档产品适用于三星级以上中、高级宾馆,大型会场,会议室等室内地面装饰;中档产品适用于办公室、疗养院、体育馆、酒吧等地面装饰;低档产品适用于各种民用住宅地面铺装。

三、护壁板

护壁板又称木台度。在铺设拼花地板的房间内,往往采用木台度,以使室内空间的材料格调一致,给人一种整体景观和谐的感受。护壁板可采用木板、企口条板、胶合板等装修,设计和施工时可采取嵌条、拼缝、嵌装等手法进行构图,以达到装饰墙壁的目的。

四、木花格

木花格是指用木板和枋木制作成的具有若干个分格的木架,这些分格的尺寸或形状一般都各不相同。木花格宜选用硬木或杉木树材制作,并要求材质木节少、木色好,且无虫蛀和腐朽等缺陷。木花格具有加工制作简便、饰件轻巧纤细、表面纹理清晰等特点。木花格多用作建筑物室内的花窗、隔断等。

五、旋切微薄木

旋切微薄木是以色木、桦木或多瘤的树根为原料,经水煮软化后,旋切成厚0.1mm左右的薄片,再用胶黏剂粘贴在坚韧的纸上(即纸依托),制成卷材,或者采用柚木、水曲柳等树材,通过精密旋切,制得厚度为0.2—0.5mm的微薄木,再采用先进的胶黏工艺和胶黏剂,粘贴在胶合板基材上,制成微薄木贴面板。

六、木装饰线条

木装饰线条简称木线条。木线条种类繁多,主要有楼梯扶手、压边线、墙腰线、天花角线、弯线、挂镜线等。木线条都是采用木质较好的树材加工而成的。木材的综合利用就是将木材加工过程中的边角、碎料、刨花、木屑、锯末等,经过再加工处理,制成各种人造板材,有效提高木材的利用率。

七、胶合板

胶合板（即层压板），是将原木沿年轮方向旋转切成薄片，经干燥处理后上胶，将数张薄片按纤维方向垂直叠放，再经热压而制成的。通常以奇数层组合，并以层数取名，一般为3—13层，最多可达15层，厚度为2.5—30mm，宽度为215—1220mm，长度为95—2440mm。针叶树材和阔叶树材均可制作胶合板。工程中常用的是三合板和五合板。

胶合板与普通木板相比具有许多优点，如消除了木材的各向异性，热导率小，绝热性好，无明显的纤维饱和点，平衡含水率和吸湿性比木材低，木材的疵病被剔除，板面质量好等。

胶合板的分类方法很多，按板的结构可分为胶合板、夹芯胶合板和复合胶合板；按用途可分为特种胶合板和普通胶合板。普通胶合板又分为Ⅰ、Ⅱ、Ⅲ、Ⅳ四类。普通胶合板的分类、特性与适用范围如表6-5-1所示。

表6-5-1　普通胶合板的分类、特性及适用范围

种　类	分　类	名　称	胶　种	特　性	适用范围
普通胶合板	Ⅰ类	耐气候胶合板	酚醛树脂胶或其他性能相当的胶	耐久，耐煮沸或蒸汽处理，耐干热，抗菌	室内、外工程使用
	Ⅱ类	耐水胶合板	脲醛树脂胶或其他性能相当的胶	耐冷水浸渍或能经受短时间热水浸渍，抗菌，但不耐煮沸	室内、外工程
	Ⅲ类	耐潮胶合板	血胶、低树脂含量的脲醛树脂或其他性能相当的胶	耐短期冷水浸泡	室内工程（一般常态下使用）
	Ⅳ类	不耐潮胶合板	豆胶或其他性能相当的胶	有一定的胶合强度，但不耐潮	室内工程（一般常态下使用）

胶合板广泛用于室内隔墙板、天花板、护壁板、顶棚板及各种家具、室内装修等。

八、胶合夹芯板

胶合夹芯板有实心板和空心板两种。实心板是由干燥的短木条用树脂胶拼镶成芯，两面用胶合板加压加热粘接制成的。空心板内部则由厚纸蜂窝结构填充，表面用胶合板加压加热制成。胶合夹芯板面宽，尺寸稳定，重量轻且构造均匀，多用于制作门板、壁板和家具。

九、纤维板

纤维板是将树皮、刨花、树枝等废料，破碎、浸泡、研磨成木浆，加入胶黏剂或利用木材自

身的胶黏物质,再经热压成型、干燥处理等工序而制成的板材。

纤维板木材利用率高达90%以上,且材质均匀,各向强度一致,弯曲强度大,不易胀缩和翘曲开裂。

纤维板按其体积密度分为三种:硬质纤维板(体积密度不大800kg/m³)、中硬纤维板(体积密度为400—800kg/m³)和软质纤维板(体积密度小于400kg/m³)。硬质纤维板广泛用于建筑、装修、装饰、包装、家居等行业。软质纤维板体积密度小,孔隙率大,常用作绝热、吸声材料。

纤维板吸水后会导致沿板厚方向膨胀,强度下降,且板面发生变形翘曲。因此,纤维板若用于湿度较大的环境中,应做防潮处理。

十、刨花板、木丝板和木屑板

刨花板、木丝板和木屑板是利用木材加工中的废料刨花、木丝、木屑等,经干燥、拌和胶结料、热压而制成的板材。所用胶结料有:豆胶、血胶等动植物胶,酚醛树脂胶、脲醛树脂胶等合成树脂胶,以及水泥、菱苦土等无机胶凝材料。

刨花板按制造方法可分成平压刨花板和挤压刨花板(实心挤压刨花板和空心挤压刨花板)两类。

刨花板、木丝板和木屑板这类板材体积密度较小,强度较低,主要用作绝热和吸声材料。其中热压树脂刨花板和木屑板,表面可粘贴熟料贴面或胶合板做饰面层,使强度增加,且具有装饰性,可用作吊顶、隔墙和家具等材料。

十一、复合板

复合板主要有复合地板和复合木板两种。

1. 复合地板

复合地板是一种多层叠压木地板,板材80%为木质。这种地板通常由面层、芯板和底层三部分组成,其中面层又由数层叠压而成,每层都有其不同的特色和功能。叠压面层是由经过特别加工处理的木纹纸与透明的密胺树脂经高温高压压合而成的;芯板是先将木纤维、木屑或其他木质粒状材料(均为木材加工的边角料)等与有机物混合,再经加压而制成的高密度板材;底层为聚合物叠压的纸质层。

复合地板规格一般为1200mm×200mm的条板,板厚8mm左右,其具有表面光滑美观、坚实耐磨、不变形和干裂、不沾污及褪色、不需打蜡、耐久性较好、易清洁和铺设方便等优点。因板材较薄,故铺设在室内原有地面上时,不需对门做任何改动。复合地板适用于客厅、起居室、卧室等地面铺装。

2. 复合木板

复合木板又称木工板，由三层胶粘压而成。其上、下面层为胶合板，芯板是由木材加工后剩下的短小木料经再加工而制得的木条。

复合木板一般厚20mm，长2000m，宽100m，幅面大，表面平整，使用方便。复合木板可代替实木板使用，常用作建筑室内隔墙、橱柜等的装修。

最后需要说明的是，木材是传统的建筑材料，在古代建筑和现代建筑中都得到了广泛应用。在结构上，木材主要用于构架和屋顶，如梁、柱、桁、椽、斗拱等。我国许多古建筑物均为木结构，它们在建筑技术和艺术上均有很高的水平，并具有独特的风格。

木材由于加工制作方便，故广泛用于房屋的门窗、地板、天花板、扶手、栏杆、栅栏等。另外，木材在建筑工程中还常用作脚手架、混凝土模板及木桩等。

本章小结

天然石材是指由天然岩体中开采出来的毛料，经加工而成的板状或块状的饰面材料。用于建筑装饰的石材主要有大理石板和花岗岩板两大类。

人造石材是以天然石材碎料、石英砂、石渣等为集料，以树脂或水泥等为胶结料，经拌和、成型、聚合或养护后，再经打磨、抛光、切割而成的饰面材料。

人造石材根据使用的胶结材料不同，可分为四类：树脂型人造石材、水泥型人造石材、复合型人造石材和烧结型人造石材。

建筑陶瓷是用于建筑物墙面、地面及卫生设备的陶瓷材料及制品，产品主要分陶瓷面砖和卫生陶瓷两大类。

陶瓷面砖是外墙砖、釉面砖和地砖的总称，是用于墙面、地面等贴面的薄片或薄板状陶瓷质装修材料，也可用作炉灶、浴池、洗涤槽等贴面材料，有内墙面砖、外墙面砖、地砖、陶瓷锦砖和陶瓷壁画等。

内墙涂料就是一般装修用的乳胶漆。乳胶漆即是乳液型涂料，按照基材的不同，分为聚醋酸乙烯乳液和丙烯酸乳液两大类。

外墙涂料按照装饰质感分为四类：薄质外墙涂料、复层花纹涂料、彩砂涂料和厚质涂料。

地面涂料的主要功能是装饰与保护室内地面，使地面清洁美观，与其他装饰材料一同创造优雅的室内环境。

地面涂料包括溶剂型地面涂料、乳液型地面涂料和合成树脂厚质地面涂料。

木器涂料用于家具饰面或室内木装修，常称为油漆。

塑料壁纸是以一定的材料为基材,表面进行涂塑后,再经过压延、涂布以及印刷、轧花、发泡等工艺而制成的一种墙面装饰材料。

纸基织物壁纸是以棉、麻、毛等天然纤维制成各种色泽、花色和粗细不一的纺线,经特殊工艺处理和巧妙的艺术编排,黏合于纸基上而制成的。

麻草壁纸是以纸为基底,以编织的麻草为面层,经复合加工而制成的墙面装饰材料。

玻璃纤维印花贴墙布是以中碱玻璃纤维布为基料,表面涂以耐磨树脂,印上彩色图案而制成的。

无纺贴墙布是采用棉、麻等天然纤维或涤、腈等合成纤维,经过无纺成型、上树脂、印刷彩色花纹等工序而制成的。

化纤装饰贴墙布是以化学纤维织成的布(单纶或多纶)为基材,经一定处理后印花而制成的。

条木地板自重轻、弹性好、脚感舒适、导热性小,故冬暖夏凉,且易于清洁。条木地板被公认为是优良的室内地面装饰材料,它适用于办公室、会议室、会客室、休息室、宾馆客房、幼儿园及仪器室等场所。

复合地板是一种多层叠压木地板,板材80%为木质。这种地板通常由面层、芯板和底层三部分组成,其中面层又由数层叠压而成,每层都有其不同的特色和功能。

复习思考题

1. 大理石板材与花岗岩板材各有怎样的优缺点?

2. 人造石材的优点有哪些?

3. 人造石材有哪些?

4. 什么是陶瓷?

5. 什么是通体砖和玻化砖?

6. 建筑涂料的分类有哪些?

7. 用在外墙的涂料有哪些要求?

8. 薄质外墙涂料在使用过程中要注意什么?

9. 外墙涂料的性能要求有哪些?

10. 塑料壁纸有哪些优点?

11. 塑料壁纸的技术要求有哪些?

12. 胶合板与普通木板相比具有哪些优点?

电梯材料是电梯制造、安装过程中使用的材料的统称。从广义上讲,应包括电梯各部件(曳引机底座、承重梁、导轨、轿厢架、轿厢体、橡胶块等)制造用的材料、安装过程中所使用的材料(脚手架、脚手板、槽钢、工字钢等)以及各种配套器材等。本章主要介绍电梯中大量使用的材料:型钢、橡胶、不锈钢、绝缘线缆等。

第一节　型钢

在电梯的制造和安装过程中大量使用各类型材,电梯机房中曳引机底座由槽钢焊接而成,曳引机底座(图7-1-1)固定在电梯承重梁上,承重梁(图7-1-2)一般使用工字钢制造。电梯导向系统中使用的导轨一般为T形导轨、空心导轨、L形导轨等,电梯导轨支架一般使用角钢制造。电梯轿厢系统中轿厢架的制造,主要使用材料为槽钢。在安装过程中,轿厢安装平台的搭建,一般使用槽钢、工字钢、方管等。

图7-1-1　曳引机底座

图7-1-2　承重钢梁

一、型材的分类

1. 简单断面型钢

①方钢——热轧方钢、冷拉方钢;②圆钢——热轧圆钢、锻制圆钢、冷拉圆钢;③线材;④扁钢;⑤弹簧扁钢;⑥角钢——等边角钢、不等边角钢;⑦三角钢;⑧六角钢;⑨弓形钢;⑩椭圆钢。

2. 复杂断面型钢

①工字钢——普通工字钢、轻型工字钢;②槽钢——热轧槽钢(普通槽钢、轻型槽钢)、弯曲槽钢;③H型钢(又称宽腿工字钢);④钢轨——重轨、轻轨、起重机钢轨、其他专用钢轨;⑤窗框钢;⑥钢板桩;⑦弯曲型钢——冷弯型钢、热弯型钢;⑧其他。

二、型钢的分类

型钢的分类如表7-7-1所示。

表7-7-1 型钢的分类

名　称	大　型	中　型	小　型
工字钢	高≥180mm	高<180mm	—
槽钢	高≥180mm	高<180mm	—
等边角钢	边宽≥160mm	边宽50—140mm	边宽20—45mm
不等边角钢	边宽≥160×100mm	边宽50×32—140×90mm	边宽≤45×28mm
圆钢	直径≥90mm	直径38—80mm	直径10—36mm
方钢	边宽≥90mm	边宽50—75mm	边宽10—25mm
扁钢	宽≥120mm	宽60—100mm	宽12—55mm
螺纹钢	—	直径≥40mm	直径10—36mm
铆钉钢	—	—	直径10—22mm
其他	异型钢、履带板、钢板桩等	异型钢、小农具用复合扁钢等	异型钢、农具钢、窗框钢等

三、热轧H型钢

热轧H型钢,翼缘宽,侧向刚度大;抗弯能力强,比工字钢大5%—10%;翼缘两表面相互平行,构造简单,如图7-1-3所示。

图 7-1-3　热轧 H 型钢

1. 用途和应用范围

（1）工业与民用建筑钢结构中的梁、柱构件。

（2）工业构筑物的钢结构承重支架。

（3）地下工程的钢桩及支护结构。

（4）石油化工及电力等工业设备结构。

（5）大跨度钢桥构件。

（6）船舶、机械制造框架结构。

（7）火车、汽车、拖拉机大梁支架。

（8）港口传送带、高速公路挡板支架。

2. 特点

热轧 H 型钢根据不同用途合理分配截面尺寸的高宽比，具有优良的力学性能和优越的使用性能。

（1）结构强度高。与工字钢相比，截面模数大，在承载条件相同时，可节约金属 10%—15%。

（2）设计风格灵活、丰富。在梁高相同的情况下，钢结构的开间可比混凝土结构的开间大 50%，从而使建筑布置更加灵活。

（3）结构自重轻。与混凝土结构相比自重轻，结构自重减轻，减小了结构设计内力，可使建筑结构基础处理要求降低，施工简便，造价降低。

（4）以热轧 H 型钢为主的钢结构，塑性和柔韧性好，结构稳定性高，抗自然灾害能力强，适用于承受震动和冲击载荷大的建筑结构，特别适用于一些地震多发带的建筑结构。据统计，在世界上发生的 7.0 级以上地震灾害中，以 H 型钢为主的钢结构建筑受害程度最小。

（5）增加结构有效使用面积。与混凝土结构相比，钢结构柱截面面积小，可增加建筑的有效使用面积，视建筑不同形式，能使有效使用面积增加 4%—6%。

（6）与焊接 H 型钢相比，能明显地省工省料，减少原材料、能源和人工的消耗，残余应力低，外观和表面质量好。

（7）便于机械加工、结构连接和安装，还易于拆除和再用。

（8）采用 H 型钢可以有效保护环境，具体表现在三个方面：一是和混凝土相比，可采用干式施工，产生的噪音小、粉尘少；二是由于自重减轻，基础施工取土量少，对土地资源破坏小，此外大量减少混凝土用量，减少开山挖石量，有利于保护生态环境；三是建筑结构使用寿命到期后，拆除结构产生的固体垃圾量小，废钢资源回收价值高。

（9）以热轧 H 型钢为主的钢结构工业化制作程度高，便于机械制造、集约化生产，精度高，安装方便，质量易于保证，可以建成真正的房屋制作工厂、桥梁制作工厂、工业厂房制作工厂等。发展钢结构，创造和带动了数以百计的新兴产业发展。

（10）工程施工速度快，占地面积小，且适合全天候施工，受气候条件影响小。用热轧 H 型钢制作的钢结构的施工速度约为混凝土结构施工速度的 2—3 倍，资金周转率成倍提高，财务费用降低，从而节省了投资。以我国第一高楼上海浦东的金贸大厦为例，高近 400m 的结构主体仅用不到半年时间就完成了结构封顶，而钢混结构则需要两年工期。

3. 热轧 H 型钢的表示方法

H 型钢分为宽翼缘 H 型钢（HK）、窄翼缘 H 型钢（HZ）和 H 型钢桩（HU）三类。其表示方法为：高度×宽度×腹板厚度×翼板厚度，如"H 型钢 Q235、SS400 200×200×8×12"即表示高度为 200mm、宽度为 200mm、腹板厚度为 8mm、翼板厚度为 12mm 的宽翼缘 H 型钢，其牌号为 Q235 或 SS400。

四、工字钢

工字钢，也称为钢梁，是截面为工字形状的长条钢材。工字钢分普通工字钢、轻型工字钢和 H 型钢三种。工字钢广泛应用于各种建筑结构、桥梁、车辆、支架、机械等，如图 7-1-4 所示。

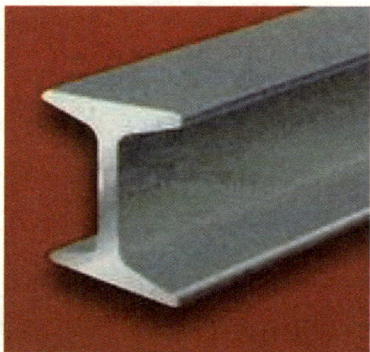

图 7-1-4　工字钢

普通工字钢和轻型工字钢的翼缘由根部向边上逐渐变薄,有一定的角度。

普通工字钢和轻型工字钢的型号是用其腰高的厘米数的阿拉伯数字来表示的,腹板、翼缘厚度和翼缘宽度不同,其规格以腰高(h)×腿宽(b)×腰厚(d)的毫米数表示,如"普工 160×88×6"即表示腰高为 160mm、腿宽为 88mm、腰厚为 6mm 的普通工字钢,"轻工 160×81×5"即表示腰高为 160mm、腿宽为 81mm、腰厚为 5mm 的轻型工字钢。普通工字钢的规格也可用型号表示,型号表示腰高的厘米数,如普工 16#。腰高相同的工字钢,如有几种不同的腿宽和腰厚,需在型号右边加 a、b、c 予以区别,如普工 32#a、32#b、32#c 等。热轧普通工字钢的规格为 10#—63#。经供需双方协议供应的热轧普通工字钢规格为 12#—55#。工字钢截面如图 7-1-5 所示。

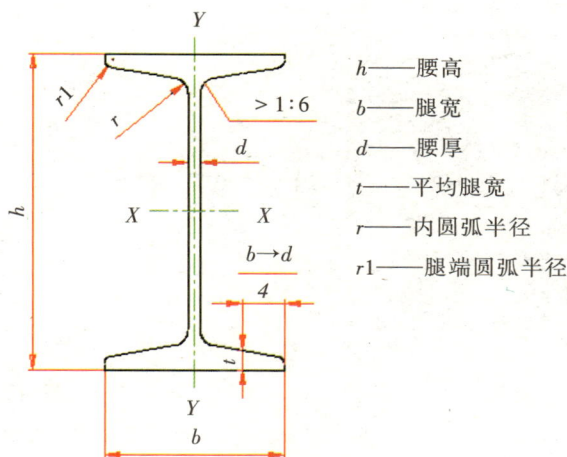

图 7-1-5　工字钢截面图

1. 适用范围

普通工字钢和轻型工字钢,由于截面尺寸均相对较高、较窄,故对截面两个主轴的惯性矩相差较大。因此,一般仅能直接用于在其腹板平面内受弯的构件或将其组成格构式受力构件。对轴心受压构件或在垂直于其腹板平面内还有弯曲的构件均不宜采用,这就使其在应用范围上有着很大的局限性。工字钢的使用应依据设计图纸的要求进行。

2. H 型钢与工字钢的区别

首先,工字钢翼缘宽,故早期有宽翼缘工字钢一说;其次,工字钢翼缘内表面没有斜度,上下表面是平行的;最后,从材料分布形式上看,工字钢截面中材料主要集中在腹板左右,越向两侧延伸,钢材越少,而轧制的 H 型钢,材料分布侧重于翼缘部分。

五、槽钢

槽钢是截面为凹槽形的长条状钢材。槽钢属建造用和机械用碳素结构钢,是复杂断面的型钢钢材,其断面形状为槽形,如图7-1-6所示。槽钢主要用于建筑结构、幕墙工程、机械设备和车辆制造等。在使用中要求其具有较好的焊接、铆接性能及综合机械性能。生产槽钢的原料钢坯为含碳量不超过0.25%的碳结钢或低合金钢钢坯。成品槽钢经热加工成型、正火或热轧状态交货。其规格以腰高(h)×腿宽(b)×腰厚(d)的毫米数表示,如100×48×5.3即表示腰高为100mm、腿宽为48mm、腰厚为5.3mm的槽钢,或称10#槽钢。腰高相同的槽钢,如有几种不同的腿宽和腰厚也需在型号右边加a、b、c予以区别,如25#a、25#b、25#c等。槽钢截面如图7-1-7所示。

图7-1-6　槽钢

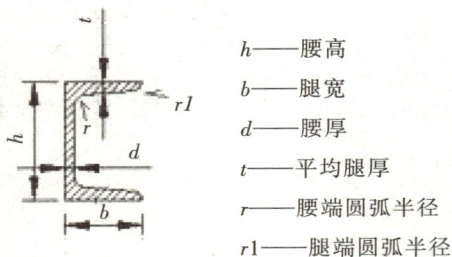

h——腰高
b——腿宽
d——腰厚
t——平均腿厚
r——腰端圆弧半径
$r1$——腿端圆弧半径

图7-1-7　槽钢截面图

槽钢可分为普通槽钢和轻型槽钢。热轧普通槽钢的规格为5#—40#。经供需双方协议供应的热轧变通槽钢规格为6.5#—30#。槽钢主要用于建筑结构、车辆制造、其他工业结构和固定盘柜等,槽钢还常常和工字钢配合使用。

槽钢按形状又可分为冷弯等边槽钢、冷弯不等边槽钢、冷弯内卷边槽钢和冷弯外卷边槽钢。

依照钢结构的理论来说,应该是槽钢翼板受力,也就是说槽钢应该立着,而不是趴着。

1. 规格设定

目前国产槽钢规格为5#—40#,即相应的高度为5—40cm。

在相同的高度下,轻型槽钢比普通槽钢的腿窄、腰薄、重量轻。18#—40#槽钢为大型槽钢,5#—16#槽钢为中型槽钢。进口槽钢须标明实际规格尺寸及相关标准。槽钢的进出口订货一般是在确定相应的碳结钢(或低合金钢)钢号后,以使用中所要求的规格为主。除了规格号以外,槽钢没有特定的成分和性能系列。

槽钢的交货长度分定尺、倍尺两种,并在相应的标准中规定允差值。国产槽钢的长度选择范围根据规格号不同分为5—12m、5—19m、6—19m三种。进口槽钢的长度选择范围一般为6—15m。

2. 外观要求

槽钢的表面质量及几何形状的允许偏差在标准中有具体规定。一般要求表面不得存在用上有害的缺陷,不得有显著的扭转,规定槽钢波浪弯(镰刀弯)的允许值及各规格槽钢表面形状有关参数(h、b、d、t等)的数值、允差值。槽钢几何形状不正确的主要表现是角、腿扩及腿并等。

3. 主要产地

我国的槽钢主要由首钢、包钢、莱钢、武钢、马钢、新钢、萍钢、济钢、日钢等钢厂生产。

4. 槽钢执行标准

槽钢执行标准如表7-1-2所示。

表7-1-2 槽钢执行标准

规　格	高度/mm	腿宽/mm	腰厚/mm	截面面积/cm²	理重/(kg/m)
5#	50	37	4.5	6.928	5.438
6.3#	63	40	4.8	8.451	6.634
6.5#	65	40	4.3		6.709
8#	80	43	5.0	10.248	8.045
10#	100	48	5.3	12.748	10.007
12#	120	53	5.5		12.059
12.6#	126	53	5.5	15.692	12.319
14#a	140	58	6.0	18.516	14.535
14#b	140	60	8	21.316	16.733
16#a	160	63	6.5	21.962	17.24
16#b	160	65	8.5	25.162	19.752
18#a	180	68	7	25.699	20.174
18#b	180	70	9	29.299	23
20#a	200	73	7	28.837	22.637
20#b	200	75	9	32.837	25.777
22#a	220	77	7	31.846	24.999

规　格	高度/mm	腿宽/mm	腰厚/mm	截面面积/cm²	理重/(kg/m)
22#b	220	79	9	36.246	28.453
25#a	250	78	7	34.917	27.41
25#b	250	80	9	39.917	31.335
25#c	250	82	11	44.917	35.26
28#a	280	82	7.5	40.034	31.427
28#b	280	84	9.5	45.634	35.832
28#c	280	86	11.5	51.234	40.219
30#a	300	85	7.5		34.463
30#b	300	87	9.5		39.173
30#c	300	89	11.5		43.883
32#a	320	88	8	48.513	38.083
32#b	320	90	10	54.913	43.107
32#c	320	92	12	61.313	48.131
36#a	360	96	9	60.910	47.814
36#b	360	98	11	68.110	53.466
36#c	360	100	13	75.310	59.118
40#a	400	100	10.5	75.068	58.928
40#b	400	102	12.5	83.068	65.208
40#c	400	104	14.5	91.068	71.488

5. 允许偏差

型号 5#、6.3#、6.5#、8#、10#、12#、12.6#、14#、16#、18#。

高度(h)：±1.5mm、±2.0mm、±2.0mm、±3.0mm、±3.0mm。

腿宽(b)：±1.5mm、±2.0mm、±2.5mm、±3.0mm、±3.5mm。

腰厚(d)：±0.4mm、±0.5mm、±0.6mm、±0.7mm、±0.8mm。

弯腰挠度不应超过0.15d。

通常长度为5—12m、5—19m、6—19m。

六、角钢

角钢俗称角铁,是两边互相垂直呈角形的长条钢材。有等边角钢和不等边角钢之分。等边角钢的两个边宽相等。其规格以边宽×边宽×边厚的毫米数表示,如"∠30×30×3"即表示边宽为30mm、边厚为3mm的等边角钢;也可用型号表示,型号是边宽的厘米数,如∠3#。型号不能表示同一型号中不同边厚的尺寸,因而在合同等单据上须将角钢的边宽、边厚尺寸填写齐全,避免单独用型号表示。热轧角钢(图7-1-8)的规格为2#—20#。

图7-1-8　角钢

1. 角钢简介

角钢可按结构的不同需要组成各种不同的受力构件,也可做构件之间的连接件。角钢广泛用于各种建筑结构和工程结构,如房梁、桥梁、输电塔、起重运输机械、船舶、工业炉、反应塔、容器架、电缆沟支架、动力配管、母线支架安装以及仓库货架等。

角钢属建造用碳素结构钢,是简单断面的型钢钢材,主要用于金属构件及厂房的框架等。在使用中要求有较好的可焊性、塑性变形性能及一定的机械强度。生产角钢的原料钢坯为低碳方钢坯,成品角钢为热轧成型、正火或热轧状态交货。

2. 角钢的种类和规格

角钢主要分为等边角钢和不等边角钢两类,其中不等边角钢又可分为不等边等厚角钢和不等边不等厚角钢两种。

目前国产角钢的规格为2#—20#,以边宽的厘米数为号数,同号数角钢常有2—7种不同的边厚。进口角钢须标明两边宽的实际尺寸及边厚并注明相关标准。一般来说,边宽在5cm以下的为小型角钢,边宽在5—12.5cm之间的为中型角钢,边宽在12.5cm以上的为大型角钢。

进出口角钢的订货一般以使用中所要求的规格为主,其钢号为相应的碳结钢钢号。除了规格号之外,角钢没有特定的成分和性能系列。

角钢的交货长度分为定尺和倍尺两种。国产角钢的定尺选择范围根据规格号的不同有3—9m、4—12m、4—19m、6—19m四个范围。日本产角钢的长度选择范围为6—15m。

不等边角钢的截面高度按不等边角钢的长边宽来计算。不等边角钢指断面为角形且两边长不相等的钢材,是角钢中的一种。其边长为25mm×16mm—200mm×125mm。它由热轧轧机轧制而成。一般不等边角钢的规格为∠50×32—∠200×125,厚度为4—18mm。

不等边角钢广泛应用于各种金属结构、桥梁、机械制造与造船业、各种建筑结构和工程结构,如房梁、桥梁、输电塔、起重运输机械、船舶、工业炉、反应塔、容器架以及仓库等。

3. 规格标准

GB/T 2101—89(型钢验收、包装、标志及质量证明书的一般规定);GB 9787—88/GB 9788—88(热轧等边/不等边角钢尺寸、外形、重量及允许偏差);JISG 3192—94(热轧型钢的形状、尺寸、重量及其容许差);DIN 17100—80(普通结构钢质量标准);ГОСТ 535—88(普通碳素型钢技术条件)。

根据上述标准的规定,角钢应成捆交货,其捆扎道次、同捆长度等应符合规定。角钢一般属裸装交货,运输和储存均需注意防潮。

七、导轨

导轨通常采用机械加工方式或冷拔加工方式制成,其抗托强度一般应为370—520MPa。按其横向截面形状分类,主要有T形导轨、L(或三角)形导轨、U形导轨、O形导轨、空心导轨等。常见导轨截面如图7-1-9所示。

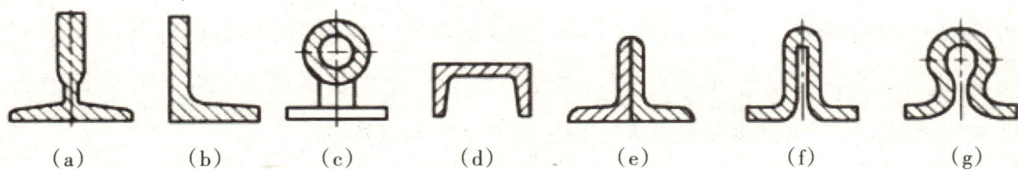

| (a) | (b) | (c) | (d) | (e) | (f) | (g) |

图7-1-9 常见导轨截面

L形导轨、U形导轨、O形导轨的工作表面一般不做加工,通常用于一些速度较低、对运行平稳性要求不高的电梯,如杂物梯、建筑工程梯等;空心导轨大多用作对速度要求不高的对重导轨。T形导轨具有良好的抗弯性及加工性,大量用作电梯导轨。

1. T形导轨

日本采用最终加工后每米导轨的重量作为规格区分,比如8kg、13kg导轨。中国电梯用

T形导轨采用国家标准《电梯T形导轨》(GB/T 22562—2008)的规定,严格的导轨命名如:
GB/T 22562—T89/B。可见导轨命名具有四个要素:

第一要素:标准编号并存,其后加"—";

第二要素:导轨形状"T";

第三要素:导轨背部宽度的圆整值,必要时带有相同宽度。

第四要素:加工工艺,/A为冷拔加工,/B为机械加工,/BE为高质量机械加工。

导轨的主要参数如图7-1-10所示。T形导轨主要尺寸及公差如表7-1-3所示。表7-1-3
中所列为常见导轨,而T82/B更是行业尺寸。

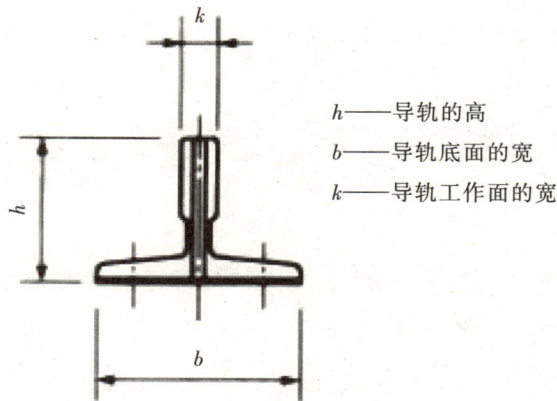

h——导轨的高
b——导轨底面的宽
k——导轨工作面的宽

图7-1-10 T型导轨截面

表7-1-3 导轨主要尺寸和公差

型号和公差	b	h	k
T75-3/B	75	62	10
T78/B	78	56	10
T82/B	82	62	16
T89/B	89	62	16
T90/B	90	75	16
T114/B	114	89	16
T125/B 或 T125/BE	125	82	16

2. 空心导轨

空心导轨即由钢板经冷态折弯(或滚压)而成的空心T形电梯对重用导轨。由于其中空的特性,它能降低导轨重量及成本,满足对重导向的作用,但是不能承受安全钳的夹持力,仅可用作不装对重安全钳的、电梯速度不高的对重导轨。

空心导轨的命名由类、组、型、特性、主参数和变形代号组成。

□——变形代号,A表示底面折边,底面直边省略;

△——主参数代号,用导轨单位重量表示,单位为kg/m;

K——型式代号,即空腹型钢;

T——类组代号,即T形电梯对重用导轨。

例如:TK5A代表5kg/m带折边的T形空心导轨。

第二节　橡胶

随着人们对电梯的认识越来越深入,对电梯的舒适感及安全性的要求也越来越严格。电梯主机在运行时会产生一定的震动,为了防止该震动通过机械部件传递到井道中的轿厢,影响乘坐的舒适感和电梯的安全性能,常见方法是隔断电梯主机与钢梁间的震动传递,如现有技术在主机和主机钢梁之间设有减震装置,在轿厢托架与轿底之间设有减震装置。常用的减震装置为减震橡胶,如图7-2-1、图7-2-2所示。另外,轿厢导靴也使用弹性滑动导靴或滚动导靴,弹性导靴用的弹性元件为橡胶。安全性方面,在低速梯中,大量使用蓄能缓冲器,防止电梯墩底或冲顶,较为常见的蓄能缓冲器为聚氨酯缓冲器。在电梯门的运行中,为降低开关门过程中的噪音,门滑块、门框边缘等都使用橡胶减震和减噪。

图7-2-1　减震橡胶1

图7-2-2　减震橡胶2

一、橡胶的概念

橡胶,同塑料、纤维并称为三大合成材料,是唯一具有高度伸缩性与极好弹性的高分子材料。橡胶的最突出特征:首先,弹性模量非常小,而伸长率很高。其次,具有相当好的透气性以及耐各种化学介质和电绝缘的性能。某些特种合成橡胶更具备良好的耐油性及耐温性,能抵抗脂肪油、润滑油、液压油、燃料油以及溶剂油的溶胀;耐寒可低到-80℃至-60℃,耐热可高到180℃至350℃。另外,橡胶还耐各种曲挠、弯曲变形,因为滞后损失小。最后,能与多种材料进行并用、共混、复合,由此进行改性,以得到良好的综合性能。

橡胶的这些基本性能,使它成为工业上极好的减震、密封、曲挠、耐磨、防腐、绝缘以及黏接等材料。

二、橡胶的分类

1. 按橡胶的来源分类

分为天然橡胶和合成橡胶两大类。其中,天然橡胶的消耗量占1/3;合成橡胶的消耗量占2/3。

2. 按橡胶的外观形态分类

分为固态橡胶(又称干胶)、乳状橡胶(简称乳胶)、液体橡胶和粉末橡胶四大类。

3. 根据橡胶的性能和用途分类

除天然橡胶外,合成橡胶可分为通用合成橡胶、半通用合成橡胶、专用合成橡胶和特种合成橡胶。

4. 根据橡胶的物理形态分类

分为硬橡胶、软橡胶、生橡胶、混炼橡胶和再生胶等。

在工业使用中,橡胶又可按如下标准分类。

按耐热及耐油等功能分类,分为普通橡胶、耐热橡胶、耐油橡胶以及耐天候老化橡胶、耐特种化学介质橡胶等。

按橡胶的软硬程度分类,分为一般橡胶、硬橡胶、半硬质胶、硬质胶、微孔胶、海绵胶、泡沫橡胶等。

具体分类方法如表7-2-1所示。

表7-2-1　橡胶的分类

分类方法	分类名称	分类说明
按橡胶的来源分类	天然橡胶	是采集橡胶树或橡胶草等含胶植物中的胶汁,经过去杂质、凝聚、液压、干燥等加工步骤而制成的,其主要化学组成成分是不饱和橡胶烃
	合成橡胶	是从石油、天然气或煤和石灰石以及农副产品中(现在主要是从石油化工产品中)提炼某些低分子的不饱和烃做原料,制成"单体"物质,然后经过复杂的化学反应而获得的人工合成的高分子聚合物,故有人造橡胶之称。合成橡胶的种类很多,现在已经工业化生产的有丁苯橡胶、顺丁橡胶、异戊橡胶、氯丁橡胶、丁基橡胶、丁腈橡胶、丁丙橡胶、氯磺化聚乙烯橡胶、丙烯酸酯橡胶、聚氨酯橡胶、硅橡胶、氟橡胶、氯醚橡胶以及聚硫橡胶等
根据橡胶的性能和用途分类	通用橡胶	是指产量大、应用广、在使用上一般无特殊性能要求的通用橡胶。主要有天然橡胶、丁苯橡胶、丁腈橡胶、顺丁橡胶、异戊橡胶、氯丁橡胶、丁基橡胶等七大品种
	特种橡胶	是指有特殊用途的橡胶,如耐油、耐酸碱、耐高温、耐低温、耐辐射等橡胶。主要有乙丙橡胶、氯磺化聚乙烯橡胶、氯化聚乙烯橡胶、丙烯酸酯橡胶、聚氨酯橡胶、硅橡胶、氟橡胶、氯醚橡胶、聚硫橡胶等
根据橡胶的物理形态分类	生橡胶	简称生胶,是指由天然采集、提炼或人工合成,未加配合剂而制成的原始胶料,为较硬的大块。生胶是一种不饱和的橡胶烃,未经配合的生胶性能较差,不能直接使用
	软橡胶	是指在生胶中加入各种配合剂,经过塑炼、混炼、硫化等加工过程而制成的具有高弹性、高强度和其他实用性能的橡胶产品。一般所说的橡胶就是这种软橡胶。根据各种工业制品的需要,用不同性能的天然或合成生橡胶,加入各种不同比率的配合剂,就可以制成不同硬度和具有特殊性能的软橡胶制品
	硬橡胶	又称硬质橡胶,它与软橡胶的不同之处是,它是由含有大量硫磺(25%—50%)的生胶经过硫化而制成的硬质制品。这种橡胶具有较高的硬度和强度、优良的电气绝缘性以及对某些酸、碱和溶剂的高度稳定性。硬橡胶广泛用于制作电绝缘制品和耐化学腐蚀制品
	混炼胶	是指在生胶中加入各种配合剂,经过炼胶机的混合作用后,具有所需要的物理机械性能的半成品,俗称胶料。通常作为商品出售,购买者可直接用它加工、硫化、压制成所需要的橡胶制品,不需要再配制胶料,混炼胶有不同的品种和牌号
	再生胶	是以废轮胎和其他废旧橡胶制品为原料,经过一定的加工过程而制成的具有一定塑性的循环可利用橡胶。它是橡胶工业中的主要原料之一,可以部分地代替生胶,节约生胶

三、常用橡胶的品种、特性和用途

常用橡胶的品种、特性和用途如表7-2-2所示。

表7-2-2 常用橡胶的品种、特性和用途

橡胶品种(简写符号)	化学组成	性能特点	主要用途
天然橡胶(NR)	以橡胶烃(聚异戊二烯)为主,含少量蛋白质、水分、树脂酸、糖类和无机盐等	弹性大,定伸强度高,抗撕裂性和电绝缘性优良,耐磨性和耐旱性良好,加工性佳,易与其他材料黏合,在综合性能方面优于多数合成橡胶。缺点是耐氧性和耐臭氧性差,容易老化变质;耐油性和耐溶剂性不好,抵抗酸碱的腐蚀能力低;耐热性不高。使用温度范围:-60℃—80℃	用于制作轮胎、胶鞋、胶管、胶带、电线电缆的绝缘层和护套,以及其他通用制品。特别适用于制造扭震消除器、发动机减震器、机器支座、橡胶－金属悬挂元件、膜片、模压制品
丁苯橡胶(SBR)	丁二烯和苯乙烯的共聚体	性能接近天然橡胶,是目前产量最大的通用合成橡胶。其特点是耐磨性、耐老化性和耐热性超过天然橡胶,质地也较天然橡胶均匀。缺点是:弹性较低,抗曲挠性、抗撕裂性能较差;加工性能差,特别是自黏性差,生胶强度低。使用温度范围:-50℃—100℃	主要用于代替天然橡胶制作轮胎、胶板、胶管、胶鞋及其他通用制品
顺丁橡胶(BR)	是由丁二烯聚合而成的顺式结构橡胶	优点是:弹性与耐磨性优良,耐老化性好,耐低温性优异,在动态负荷下发热量小,易与金属黏合。缺点是:强度较低,抗撕裂性差,加工性能与自黏性差。使用温度范围:-60℃—100℃	一般多和天然橡胶或丁苯橡胶并用,主要用于制作轮胎胎面、运输带和特殊耐寒制品
异戊橡胶(IR)	是由异戊二烯单体聚合而成的一种顺式结构橡胶	化学组成、立体结构与天然橡胶相似,性能也非常接近天然橡胶,故有合成天然橡胶之称。它具有天然橡胶的大部分优点,耐老化性能优于天然橡胶,弹性和强力比天然橡胶稍低,加工性能差,成本较高。使用温度范围:-50℃—100℃	用于代替天然橡胶制作轮胎、胶鞋、胶管、胶带以及其他通用制品

橡胶品种(简写符号)	化学组成	性能特点	主要用途
氯丁橡胶(CR)	是由氯丁二烯做单体乳液聚合而成的聚合体	这种橡胶分子中含有氯原子,所以与其他通用橡胶相比,它具有优良的耐氧性、耐臭氧性,不易燃,着火后能自熄,耐油,耐溶剂,耐酸碱,耐老化,气密性好等优点;其物理机械性能也比天然橡胶好,故可用作通用橡胶,也可用作特种橡胶。主要缺点是耐寒性较差,比重较大,相对成本高,电绝缘性不好,加工时易黏滚、易焦烧及易模。此外,生胶稳定性差,不易保存。使用温度范围:-45℃—100℃	主要用于制造要求耐臭氧性、耐老化性高的电缆护套及各种防护套、保护罩;耐油、耐化学腐蚀的胶管、胶带和化工衬里;耐燃的地下采矿用橡胶制品,以及各种模压制品、密封圈、密封垫、黏结剂等
丁基橡胶(IIR)	是异丁烯和少量异戊二烯或丁二烯的共聚体	最大特点是气密性好、耐臭氧性、耐老化性好,耐热性较高,长期工作温度可在130℃以下;耐无机强酸(如硫酸、硝酸等)和一般有机溶剂,吸振和阻尼特性良好,电绝缘性也非常好。缺点是弹性差、加工性能差、硫化速度慢、黏结性和耐油性差。使用温度范围:-40℃—120℃	主要用作制作内胎、水胎、气球、电线电缆绝缘层、化工设备衬里及防震制品、耐热运输带、耐热老化的胶布制品
丁腈橡胶(NBR)	丁二烯和丙烯腈的共聚体	特点是耐汽油和脂肪烃油类的性能特别好,仅次于聚硫橡胶、丙烯酸酯橡胶和氟橡胶,而优于其他通用橡胶。耐热性好,气密性、耐磨性及耐水性等均较好,黏结力强。缺点是耐寒性及耐臭氧性较差,强力及弹性较低,耐酸性差,电绝缘性不好,耐极性溶剂性能也较差。使用温度范围:-30℃—100℃	主要用于制造各种耐油制品,如胶管、密封制品等
氢化丁晴橡胶(HNBR)	丁二烯和丙烯腈的共聚体	它是通过全部或部分氢化NBR的丁二烯中的双键而得到的。其特点是机械强度和耐磨性高,用过氧化物交联时耐热性比NBR好,其他性能与丁腈橡胶一样。缺点是价格较高。使用温度范围:-30℃—150℃	主要用于制造耐油、耐高温的密封制品

橡胶品种(简写符号)	化学组成	性能特点	主要用途
乙丙橡胶（EPM/EPDM）	是乙烯和丙烯的共聚体，一般分为二元乙丙橡胶和三元乙丙橡胶	特点是耐臭氧性、耐紫外线性、耐天候性和耐老化性优异,居通用橡胶之首。电绝缘性、耐化学性、冲击弹性很好,耐酸碱,比重小,可进行高填充配合。耐热可达150℃,耐极性溶剂——酮、酯等,但不耐脂肪烃和芳香烃,其他物理机械性能略次于天然橡胶而优于丁苯橡胶。缺点是自黏性和互黏性很差,不易黏合。使用温度范围:-50℃—150℃	主要用于制造化工设备衬里、电线电缆包皮、蒸汽胶管、耐热运输带、汽车用橡胶制品及其他工业制品
硅橡胶(Q)	为主链含有硅、氧原子的特种橡胶,其中起主要作用的是硅元素	其主要特点是既耐高温(最高300℃)又耐低温(最低-100℃),是目前最好的耐寒、耐高温橡胶;同时电绝缘性优良,对热氧化和臭氧的稳定性很高,化学惰性大。缺点是机械强度较低,耐油性、耐溶剂性和耐酸碱性差,较难硫化,价格较贵。使用温度范围:-60℃—200℃	主要用于制造耐高低温制品(胶管、密封件等)、耐高温电线电缆绝缘层,由于其无毒无味,还可用于食品及医疗工业
氟橡胶(FPM)	是由含氟单体共聚而成的有机弹性体	其特点是可耐高达300℃的高温,耐酸碱,耐油性是耐油橡胶中最好的,抗辐射性、耐高真空性能好;电绝缘性、机械性能、耐化学腐蚀性、耐臭氧性、耐大气老化性均优良。缺点是加工性差,价格昂贵,耐寒性差,弹性、透气性较差。使用温度范围:-20℃—200℃	主要用于国防工业制造飞机、火箭上的耐真空、耐高温、耐化学腐蚀的密封材料、胶管或其他零件,也可用于汽车工业
聚氨酯橡胶(AU/EU)	是由聚酯(或聚醚)与二异氰酸酯类化合物聚合而成的弹性体	其特点是耐磨性在各种橡胶中是最好的;强度高、弹性好、耐油性优良,耐臭氧性、耐老化性、气密性等也优异。缺点是耐温性能较差,耐水性和耐碱性差,耐芳香烃、氯化烃及酮、酯、醇类等溶剂性较差。使用温度范围:-30℃—80℃	用于制作轮胎及耐油零件、垫圈、防震制品,以及耐磨、高强度和耐油的橡胶制品

橡胶品种(简写符号)	化学组成	性能特点	主要用途
丙烯酸酯橡胶（ACM/AEM）	是丙烯酸乙酯或丙烯酸丁酯的聚合物	其特点是兼有良好的耐热性、耐油性,在含有硫、磷、氯添加剂的润滑油中性能稳定。同时耐老化,耐氧和臭氧,耐紫外线,气密性优良。缺点是耐寒性差,不耐水,不耐蒸汽及有机和无机酸、碱。在甲醇、乙二醇、酮酯等水溶性溶液中膨胀严重。同时弹性和耐磨性差,电绝缘性差,加工性能较差。使用温度范围：-25℃—150℃	用于制造耐油、耐热、耐老化的制品,如密封件、胶管、化工衬里等
氯磺化聚乙烯橡胶（CSM）	是聚乙烯经氯化和磺化处理后,所得到的具有弹性的聚合物	耐臭氧性及耐老化性优良,耐候性优于其他橡胶。阻燃性、耐热性、耐溶剂性及耐大多数化学药品性和耐酸碱性较好。电绝缘性尚可,耐磨性与丁苯橡胶相似。缺点是抗撕裂性能差,加工性能不好。使用温度范围：-20℃—120℃	可用作臭氧发生器上的密封材料,用于制造耐油密封件、电线电缆包皮,以及耐油橡胶制品和化工衬里
氯醚橡胶（CO/ECO）	是由环氧氯丙烷均聚或由环氧氯丙烷与环氧乙烷共聚而成的聚合物	特点是耐脂肪烃及氯化烃溶剂、耐碱、耐水、耐老化等性能极好,耐臭氧性、耐候性及耐热性、气密性高。缺点是强力较低、弹性较差、电绝缘性不好。使用温度范围：-40℃—140℃。	用于制造胶管、密封件、薄膜和容器衬里、油箱、胶辊、油封、水封等
氯化聚乙烯橡胶（CM/CPE）	是聚乙烯通过氯取代反应制成的具有弹性的聚合物	性能与氯磺化聚乙烯橡胶接近,其特点是流动性好,容易加工;有优良的耐天候性、耐臭氧性和耐电晕性,耐热性、耐酸碱性、耐油性良好。缺点是弹性差、压缩变形较大、电绝缘性较低。使用温度范围：-20℃—120℃。	用于制造电线电缆护套、胶管、胶带、胶辊、化工衬里等

第三节　不锈钢

　　随着人们生活水平的提高,对电梯的要求不仅仅在于舒适感和安全性方面,对电梯的美观度也有了更高的要求,所以在电梯厅、轿门、轿厢壁等与乘客直接接触的地方,大量使用不锈钢材料,以提升电梯的整体美观度,如图7-3-1、图7-3-2所示。

图7-3-1　电梯中的不锈钢(内)　　　图7-3-2　电梯中的不锈钢(外)

一、不锈钢的定义

不锈钢指耐空气、蒸汽、水等弱腐蚀介质和酸、碱、盐等化学腐蚀性介质腐蚀的钢,又称不锈耐酸钢。实际应用中,常将耐弱腐蚀介质腐蚀的钢称为不锈钢,而将耐化学介质腐蚀的钢称为耐酸钢。由于两者在化学成分上的差异,前者不一定耐化学介质腐蚀,而后者则一般均具有不锈性。不锈钢的耐蚀性取决于钢中所含的合金元素。

二、不锈钢的分类

不锈钢材质的分类方法很多,常见的有以下几种,其中按照金相组织分类最为普遍。

1. 按照化学成分分类

基本上可分为铬系不锈钢(如铁素体系列、马氏体系列)和铬镍系不锈钢(如奥氏体系列、异常系列、析出硬化系列)两大系统。

2. 按照金相组织分类

可分为奥氏体不锈钢、铁素体不锈钢、马氏体不锈钢、双相不锈钢和沉淀硬化不锈钢。

(1)奥氏体不锈钢。奥氏体不锈钢,是指在常温下具有奥氏体组织的不锈钢。钢中含铬大于18%,还含有8%左右的镍及少量钼、钛、氮等元素。其综合性能好,可耐多种介质腐蚀。奥氏体不锈钢的常用牌号有1Cr18Ni9、0Cr19Ni9等。0Cr19Ni9钢的$W_c<0.08\%$,钢号中标记为"0"。这类钢中含有大量的Ni和Cr,使钢在室温下呈奥氏体状态。这类钢具有良好的塑

性、韧性、焊接性、耐蚀性能和无磁或弱磁性，在氧化性和还原性介质中耐蚀性均较好，可用来制作耐酸设备，如耐蚀容器及设备衬里、输送管道、耐硝酸的设备零件等；另外，还可用作不锈钢钟表饰品的主体材料。奥氏体不锈钢一般采用固溶处理，即将钢加热至1050℃—1150℃，然后水冷或风冷，以获得单相奥氏体组织。

（2）铁素体不锈钢。铁素体不锈钢（400系）含铬量为15%—30%，具有体心立方晶体结构。其耐蚀性、韧性和可焊性随含铬量的增加而提高，耐氯化物应力腐蚀性能优于其他种类不锈钢，属于这一类的有Cr17、Cr17Mo2Ti、Cr25、Cr25Mo3Ti、Cr28等。铁素体不锈钢因为含铬量高，耐腐蚀性能与抗氧化性能均较好，但机械性能与工艺性能较差，多用于受力不大的耐酸结构及作为抗氧化钢使用。这类钢能抵抗大气、硝酸及盐水溶液的腐蚀，并具有高温抗氧化性能好、热膨胀系数小等特点，可用于制造硝酸及食品工厂设备，也可用于制作在高温下工作的零件，如燃气轮机零件等。

（3）马氏体不锈钢。马氏体不锈钢是指通过热处理可以调整其力学性能的不锈钢，通俗地说，是一类可硬化的不锈钢。马氏体不锈钢的常用牌号有1Cr13、3Cr13等，因含碳较高，故具有较高的强度、硬度和耐磨性，但耐蚀性稍差，可用于力学性能要求较高、耐蚀性能要求一般的一些零件上，如弹簧、汽轮机叶片、水压机阀等。这类钢是在淬火、回火处理后使用的，锻造、冲压后需退火。

（4）双相不锈钢。双相不锈钢是指奥氏体和铁素体各约占一半的不锈钢。在含碳量较低的情况下，铬（Cr）含量为18%—28%，镍（Ni）含量为3%—10%。有些钢还含有Mo、Cu、Si、Nb、Ti、N等合金元素。该类钢兼有奥氏体不锈钢和铁素体不锈钢的特点。与铁素体不锈钢相比，双相不锈钢塑性、韧性更高，无室温脆性，耐晶间腐蚀性能和焊接性能均显著提高，同时还保持有铁素体不锈钢的475℃脆性，导热系数高，具有超塑性。与奥氏体不锈钢相比，双相不锈钢强度高，且耐晶间腐蚀和耐氯化物应力腐蚀等性能明显提高。双相不锈钢具有优良的耐孔蚀性能，也是一种节镍不锈钢。

（5）沉淀硬化不锈钢。基体为奥氏体或马氏体组织，沉淀硬化不锈钢的常用牌号有04Cr13Ni8Mo2Al等。能通过沉淀硬化（又称时效硬化）处理使其硬（强）化的不锈钢。

3. 按照耐腐蚀类型分类

可分为耐应力腐蚀不锈钢、耐点蚀不锈钢、耐晶间腐蚀不锈钢等。

4. 按照功能特点分类

可分为易切削不锈钢、无磁不锈钢、低温不锈钢、高强度不锈钢。

三、不锈钢表面加工等级

原面：NO.1 热轧后施以热处理及酸洗处理的表面。一般用于冷轧材料，如工业用槽罐、化学工业装置等,厚度较厚,为2.0—8.0mm。

钝面:NO.2D 冷轧后经热处理、酸洗者,其材质柔软,表面呈银白色光泽,用于深冲压加工,如汽车构件、水管等。

雾面:NO.2B 冷轧后经热处理、酸洗,再通过精轧加工使表面适度光亮者。由于表面光滑,易于再研磨,使表面更加光亮,用途广泛,如餐具、建材等。经过改善机械性能的表面处理后,几乎满足所有用途。

粗砂:NO.3 用100—120号研磨带研磨出来的产品。具有较佳的光泽度,具有不连续的粗纹。用于建筑内外装饰材料、电器产品及厨房设备等。

细砂:NO.4 用粒度150—180号研磨带研磨出来的产品。具有较佳的光泽度,具有不连续的粗纹,条纹比NO.3细。用于浴池、建筑内外的装饰材料、电器产品、厨房设备及食品设备等。

#320 用320号研磨带研磨出来的产品。具有较佳的光泽度,具有不连续的粗纹,条纹比NO.4细。用于浴池、建筑内外装饰材料、电器产品、厨房设备及食品设备等。

毛丝面 HAIRLINE:HLNO.4 经适当粒度抛光砂带的连续研磨生成研磨花纹的产品(细分150—320号)。主要用于建筑装饰,电梯,建筑物的门、面板等。

亮面:BA 经冷轧后施以光亮退火,并经过平整得到的产品。表面光泽度极好,有很高的反射率,如同镜面的表面。用于家电产品、镜子、厨房设备、装饰材料等。

不锈钢表面加工等级,如图7-3-3所示。

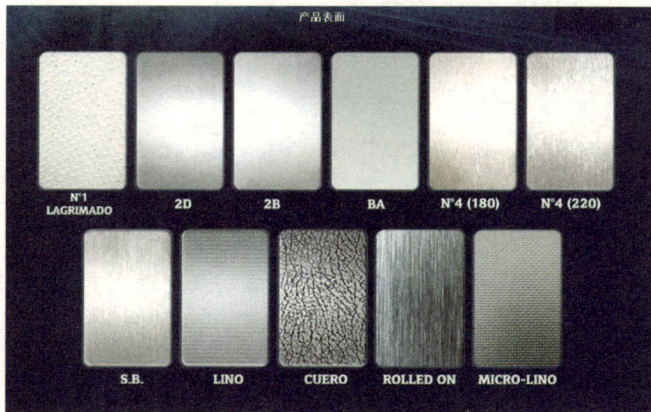

图7-3-3　不锈钢表面加工等级

四、不锈钢在电梯中的应用

1. 垂直电梯部分

轿厢壁板所用材质：304/316L/430/439/443/201　厚度：≤1.0mm。

轿门所用材质：304/316L/430/439/443　厚度：≤1.0mm。

层门（或称作厅门）所用材质：304/316L/430/439/443　厚度：≤1.0mm。

操纵箱面板（或呼梯面板）所用材质：304/316L/430/439/443　厚度：≤2.0mm。

地坎所用材质：304/316L/439　厚度：≤0.8mm。

吊顶所用材质：304　厚度：≤1.0mm。

2. 扶梯部分

裙板所用材质：304/316L/430/439/443　厚度：≤1.5mm。

内外盖板所用材质：304/316L/430/439　厚度：≤1.5mm。

护壁板所用材质：304/316L/430/439　厚度：≤1.5mm。

外装饰板所用材质：304/316L/430/439　厚度：≤1.0mm。

腹板所用材质：304/316L/430/439　厚度：≤1.5mm。

梯级所用材质：304/409　厚度：0.4—0.6mm。

楼层盖板所用材质：304/316L/430/439　厚度：≤1.5mm。

楼层盖板底座所用材质：304/316L　厚度：≤5.0mm。

扶手导轨所用材质：304/316L　厚度：≤1.5mm。

其他装饰材料所用材质：304/316L/430/439　厚度：≤1.5mm。

第四节　绝缘电缆

电梯作为机电一体化设备,在电力的传输与分配、控制信号的传递中大量使用各类电线电缆,其最基本的要求就是电线电缆的绝缘性能,根据不同的电压等级,绝缘电缆对地的绝缘性能有不同的要求,例如:500V 及以上电压等级,要求在直流 500V 的测试电压下,绝缘电阻大于 0.5MΩ。其他的要求根据电容量以及使用环境确定。例如,电梯轿厢的控制线随行电缆,如图 7-4-1 所示,需要随轿厢的移动而移动,对其关于金属疲劳性的要求就相对要高。

图 7-4-1　电梯随行缆绳

一、电缆的定义

通常由几根或几组导线(每组至少两根)绞合而成的类似绳索的电缆,每组导线之间相互绝缘,并常围绕着一根中心导线扭成,整个外面包有高度绝缘的覆盖层。电缆具有内通电、外绝缘的特征。

二、电缆的分类

电缆有电力电缆、控制电缆、补偿电缆、屏蔽电缆、高温电缆、计算机电缆、信号电缆、同轴电缆、耐火电缆、船用电缆、矿用电缆、铝合金电缆等。它们都由单股或多股导线和绝缘层组成,用来连接电路、电器等。

三、电线电缆的型号

1. 型号的含义

电气装备用电线电缆及电力电缆的型号主要由以下七部分组成,有些特殊的电线电缆型号还有派生代号。最常用的电线电缆型号中字母的含义如下。

(1)类别、用途代号。

A——安装线	B——绝缘线	C——船用电缆	
K——控制电缆	N——农用电缆	R——软线	
U——矿用电缆	Y——移动电缆	JK——绝缘架空电缆	
M——煤矿用	ZR——阻燃型	NH——耐火型	ZA——A级阻燃
ZB——B级阻燃	ZC——C级阻燃	WD——低烟无卤型	

（2）导体代号。

T——铜导线（略）　　　　L——铝芯

（3）绝缘层代号。

V——聚氯乙烯　　　　YJ——交联聚乙烯　　　　X——橡胶

Y——聚乙烯料　　　　F——聚四氟乙烯　　　　Z——油浸纸

（4）护层代号。

V——PVC套　　　　Y——聚乙烯料　　　　N——尼龙护套

P——铜丝编织屏蔽　　　　P2——铜带屏蔽　　　　L——棉纱编织涂蜡克　　Q——铅包

（5）特征代号。

B——扁平型　　　　R——柔软　　　　C——重型

Q——轻型　　　　G——高压　　　　H——电焊机用　　　　S——双绞型

（6）铠装层代号。

2——双钢带　　　　3——细圆钢丝　　　　4——粗圆钢丝

（7）外护层代号。

1——纤维层　　　　2——聚氯乙烯护　　　　3——聚乙烯护

2. 最常用的电气装备用电线电缆及电力电缆的型号示例

VV——铜芯聚氯乙烯绝缘聚氯乙烯护套电力电缆

VLV——铝芯聚氯乙烯绝缘聚氯乙烯护套电力电缆

YJV22——铜芯交联聚乙烯绝缘钢带铠装聚氯乙烯护套电力电缆

KVV——聚氯乙烯绝缘聚氯乙烯护套控制电缆

227IEC 01（BV）——一般用途单芯硬导体无护套电缆

227IEC 02（RV）——一般用途单芯软导体无护套电缆

227IEC 10（BVV）——轻型聚氯乙烯护套电缆

227IEC 52（RVV）——轻型聚氯乙烯护套软线

227IEC 53（RVV）——普通聚氯乙烯护套软线

BV——铜芯聚氯乙烯绝缘电线

BVR——铜芯聚氯乙烯绝缘软电缆

BVVB——铜芯聚氯乙烯绝缘聚氯乙烯护套扁型电缆

JKLYJ——交联聚乙烯绝缘架空电缆

YC、YCW——重型橡套软电缆

YZ、YZW——中型橡套软电缆

YQ、YQW——轻型橡套软电缆

YH——电焊机电缆

四、电缆的规格

电缆的规格由额定电压、芯数及标称截面组成。

电线及控制电缆等的额定电压一般为300/300V、300/500V、450/750V。

中低压电力电缆的额定电压一般为0.6/1kV、1.8/3kV、3.6/6kV、6/6(10)kV、8.7/10(15) kV、12/20kV、18/20(30)kV、21/35kV、26/35kV等。

电线电缆的芯数根据实际需要来确定。一般电力电缆主要为1芯、2芯、3芯、4芯、5芯，电线主要是1—5芯，控制电缆为1—61芯。

标称截面是指导体横截面的近似值，即为了达到规定的直流电阻，方便记忆并且统一而规定的一个导体横截面附近的一个整数值。我国统一规定的导体横截面有0.5、0.75、1、1.5、2.5、4、6、10、16、25、35、50、70、95、120、150、185、240、300、400、500、630、800、1000、1200等。这里要强调的是，导体的标称截面不是导体的实际横截面，导体的实际横截面有许多比标称截面小，仅有几个比标称截面大。实际生产过程中，只要导体的直流电阻能达到规定的要求，就可以说这根电缆的截面是达标的。

本章小结

电梯导向系统中使用的导轨，一般为T形导轨、空心导轨、L形导轨等。电梯导轨支架一般使用角钢制造。

电梯轿厢系统中轿厢架的制造，主要使用材料为槽钢。在安装过程中，轿厢安装平台的搭建，一般使用槽钢、工字钢、方管等。

热轧H型钢，翼缘宽，侧向刚度大；抗弯能力强，比工字钢大5%—10%；翼缘两表面相互平行，构造简单。

工字钢也称为钢梁，是截面为工字形状的长条钢材。工字钢分普通工字钢、轻型工字钢和H型钢三种。

H型钢与工字钢的区别有以下几方面。首先，翼缘宽，故早期有宽翼缘工字钢一说；其次，翼缘内表面没有斜度，上下表面是平行的；最后，从材料分布形式上看，工字钢截面中材料主要集中在腹板左右，越向两侧延伸，钢材越少，而轧制的H型钢，材料分布侧重于翼缘部分。

角钢俗称角铁，是两边互相垂直呈角形的长条钢材。有等边角钢和不等边角钢之分。

等边角钢的两个边宽相等。

角钢可按结构的不同需要组成各种不同的受力构件,也可做构件之间的连接件。主要分为等边角钢和不等边角钢两类,其中不等边角钢又可分为不等边等厚角钢和不等边不等厚两种。

橡胶,同塑料、纤维并称为三大合成材料,是唯一具有高度伸缩性与极好弹性的高分子材料。

不锈钢指耐空气、蒸汽、水等弱腐蚀介质和酸、碱、盐等化学腐蚀性介质腐蚀的钢,又称不锈耐酸钢。

不锈钢按金相组织分类,可分为奥氏体不锈钢、铁素体不锈钢、马氏体不锈钢、双相不锈钢和沉淀硬化不锈钢。

通常由几根或几组导线(每组至少两根)绞合而成的类似绳索的电缆,每组导线之间相互绝缘,并常围绕着一根中心导线扭成,整个外面包有高度绝缘的覆盖层。电缆具有内通电、外绝缘的特征。

复习思考题

1. 工字钢与 H 型钢的区别有哪些?

2. 工字钢型号的表示方法有哪些?

3. 根据曳引机减震橡胶的要求,应选用哪种橡胶?

4. 根据不同场合的要求,应选用不同类型、不同表面加工等级的不锈钢。高档写字楼电梯轿厢应选用哪类不锈钢? 为什么?

5. 外呼盒的供电电压为 DC24V,以串行通信传递信息,请问应选用哪种型号规格的电缆?

第八章

楼宇智能材料

世界上对楼宇智能化准确定义的提法很多,欧洲、美国、日本、新加坡及国际智能工程学会的提法各有不同。日本的国情与我国较为相近,日本电机工业协会楼宇智能化分会把智能化楼宇定义为:综合计算机、信息通信等方面的最先进技术,使建筑物内的电力、空调、照明、防灾、防盗、运输设备等协调工作,实现建筑设备自动化(BA)、通信自动化(CA)、办公自动化(OA)、安全保卫自动化(SA)和消防自动化(FA),将这五种功能结合起来的建筑称为5A建筑,外加结构化综合布线系统(SCS)、结构化综合网络系统(SNS)、智能楼宇综合信息管理自动化系统(MAS)组成,就是智能化楼宇。

智能化楼宇各个子系统的设备、施工材料及工具是构建智能化楼宇的基本组成。本章主要介绍智能化楼宇组成系统中常用到的设备、材料及工具。

第一节　综合布线系统的设备及材料

综合布线系统是为了顺应发展需求而特别设计的一套布线系统。对于智能建筑来说,综合布线系统就如人体内的神经系统一样,起着重要的调控作用。它采用了一系列高质量的标准材料,经过统一的规划设计,以模块化的组合方式,把语音、数据、图像和部分控制信号系统用统一的传输媒介综合在一套标准的布线系统中,将智能建筑的三大子系统有机地连接起来,为智能建筑的系统集成提供了物理介质。可以说,在智能化楼宇构建过程中,选择一套高品质的综合布线系统是至关重要的。

一、综合布线系统主要设备介绍

1. 机柜

综合布线机柜，如图 8-1-1 所示。它是一种用来聚集管理众多信号线的设备。随着服务器—交换机等网络产品的不断升级，为了节省更多的空间，网络产品的尺寸已经越来越小，单个机柜相比之前所容纳的网络产品数量已经越来越多。这种设备密度的增加更加需要机柜内外井井有条的电缆管理。电缆如果管理不善，不仅可能导致电缆损坏或延长和增加更换电缆的时间，而且可能阻碍主要气流通过或者到达，从而导致设备性能下降甚至停机。这些配件提供了满足各种需要的适用的电缆管理方案，从简单的理线环垂直或者水平整理面板到线槽和缆线梯的各种解决方案。

2. 网络配线架及理线器

网络配线架及理线器是用于终端用户线或中继线，并能对它们进行调配连接的设备。配线架是管理子系统中最重要的组件，是实现垂直干线和水平布线两个子系统交叉连接的

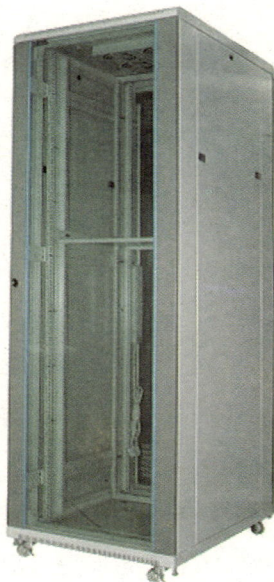

图 8-1-1　综合布线机柜

枢纽。配线架通常安装在机柜里或墙上。通过安装附件，配线架可以全线满足 UTP、STP、同轴电缆、光纤、音视频的需要。在网络工程中，常用的配线架有双绞线配线架和光纤配线架。根据使用地点、用途的不同，配线架分为总配线架和中间配线架两大类。网络配线架，如图 8-1-2 所示。网络理线器，如图 8-1-3 所示。

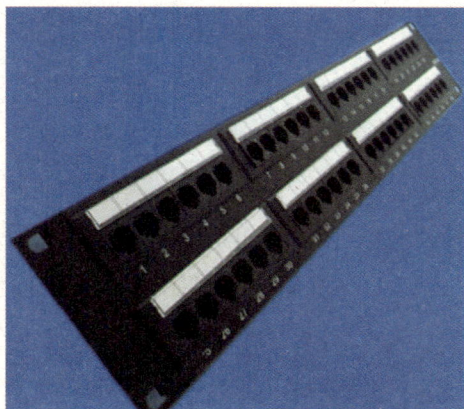

图 8-1-2　网络配线架

8-1-3　网络理线器

3. 110配线架

110配线架,如图8-1-4所示。作为综合布线系统的核心产品,它起着灵活转接、灵活分配以及综合统一管理传输信号的作用。综合布线系统的最大特性就是利用同一接口和同一种传输介质,让各种不同信息在其中传输,而这一特性的实现主要通过连接不同信息的配线架之间的跳接来完成。

图8-1-4 110配线架

4. 交换机和程控交换机

交换机,如图8-1-5所示。它是一种在通信系统中完成信息交换功能的设备。程控交换机全称为存储程序控制交换机(与之对应的是布线逻辑控制交换机,简称布控交换机),也称为程控数字交换机或数字程控交换机,如图8-1-6所示,通常专指用于电话交换网的交换设备,它以计算机程序控制电话的接续。程控交换机是利用现代计算机技术,完成控制、接续等工作的电话交换机。

图8-1-5 交换机

图8-1-6 程控交换机

二、综合布线系统常用材料

1. 网络模块及电话模块

信息模块在企业网络中应用很普遍,它属于一个中间连接器,可以安装在墙面或桌面上,需要使用时利用一条直通双绞线即可与信息模块另一端通过双绞线网线连接的设备连接,非常灵活。另外,信息模块的应用也美化了整个网络布线环境。网络模块,如图8-1-7

所示。电话模块,如图8-1-8所示。

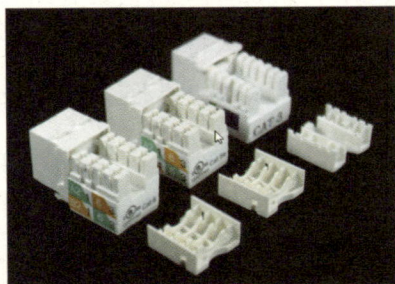

图8-1-7　网络模块

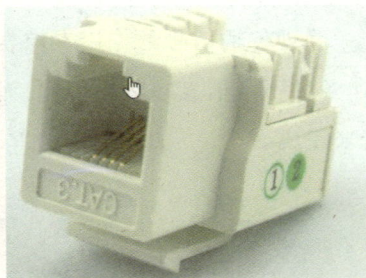

图8-1-8　电话模块

2. 水晶头

水晶头是一种标准化的网络接口,提供声音和数据传输的接口。水晶头首先在美国贝尔系统通用服务订购代码(USOC)系统中定义,在20世纪70年代用于由联邦通信委员会(FCC)授权的计算机辅助电话设备。不同型号的水晶头,如图8-1-9—图8-1-11所示。

图8-1-9　RJ45水晶头

图8-1-10　RJ11水晶头

图8-1-11　CAT6A水晶头

3. 86底盒

86盒是一种接线盒的规格,也是在电力装修方面的一个行业标准。比如家里灯的开关,在墙里的一个盒就是接线盒,分为底盒(图8-1-12)和面板(图8-1-13)。底盒基本上都是一样的,面板因不同品牌和不同型号各有不同,但都可以装在同一规格的86盒里。

图8-1-12　86底盒

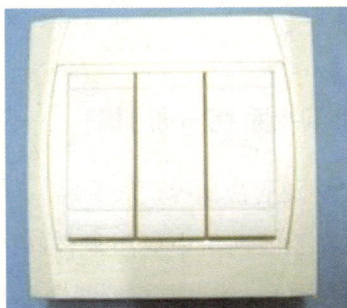

图8-1-13　面板

4. 线槽及线管

线槽又名走线槽、配线槽、行线槽（因地方而异），是用来将电源线、数据线等线材进行规范的整理，固定在墙上或者天花板上的电工用具。根据材质的不同，线槽可划分为多个种类，常用的有环保PVC线槽、无卤PPO线槽、无卤PC/ABS线槽以及钢、铝等金属线槽等等。

线管可分为钢管、塑料管和混凝土管。

金属线槽由槽底和槽盖组成，每根槽一般长2m，槽与槽连接时须使用相应尺寸的铁板和螺钉固定。在综合布线系统中使用的金属线槽有50mm×100mm、100mm×100mm、100mm×200mm、100mm×300mm、200mm×400mm等多种规格。金属线槽，如图8-1-14所示。

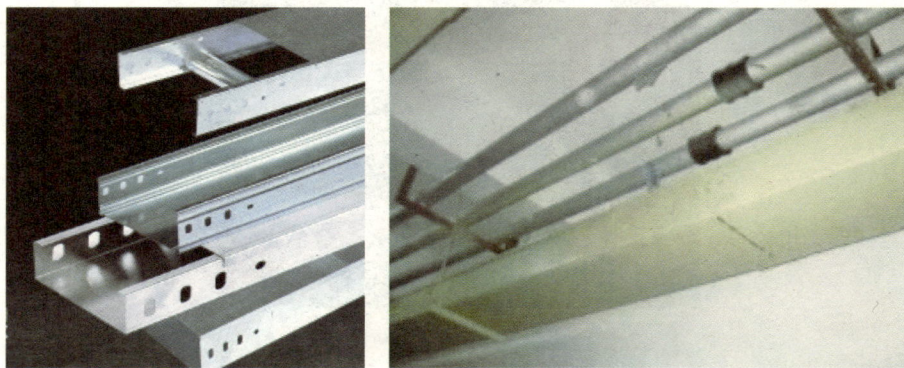

图8-1-14 金属线槽

PVC塑料线槽是综合布线工程明敷管路时广泛使用的一种材料，它是一种带盖板封闭式的线槽，盖板和槽体通过卡槽合紧。与PVC线槽配套的附件有阳角、阴角、直转角、平三通、直转角、终端头等。PVC线槽，如图8-1-15所示。

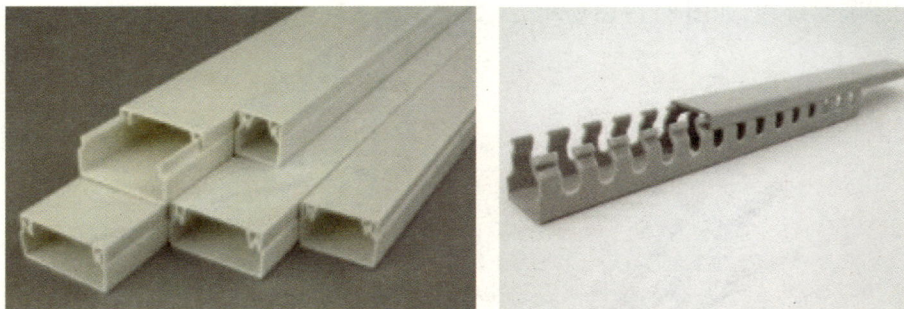

图8-1-15 PVC线槽

钢管（图8-1-16）是一种具有空心截面，其长度远大于直径或周长的钢材。按截面形状分为圆形钢管、方形钢管、矩形钢管和异形钢管；按材质分为碳素结构钢钢管、低合金结构钢钢管、合金钢钢管和复合钢管;按用途分为输送管道用钢管、工程结构用钢管、热工设备用钢管、石油化工工业用钢管、机械制造用钢管、地质钻探用钢管、高压设备用钢管等;按生产工艺分为无缝钢管和焊接钢管,其中,无缝钢管又分为热轧钢管和冷轧(拔)钢管,焊接钢管又分为直缝焊接钢管和螺旋缝焊接钢管。钢管不仅用于输送流体和粉状固体,交换热能,制造机械零件和容器,还是一种经济钢材。用钢管制造建筑结构网架、支柱和机械支架,不仅可以减轻重量,节省金属20%—40%,而且可实现工厂机械化施工。用钢管制造公路桥梁,不但可节省钢材,简化施工,而且可大大减少涂保护层的面积,节约投资和维护费用。

图 8-1-16　钢管

5. 双绞线

双绞线是综合布线工程中最常用的一种传输介质,由两根具有绝缘保护层的铜导线组成。把两根绝缘的铜导线按一定密度互相绞在一起,每一根导线在传输中辐射出来的电波会被另一根线上发出的电波抵消,能有效降低信号干扰的程度。

根据有无屏蔽层,双绞线分为屏蔽双绞线与非屏蔽双绞线。屏蔽双绞线,如图 8-1-17 所示。非屏蔽双绞线,如图 8-1-18 所示。

图 8-1-17　屏蔽双绞线

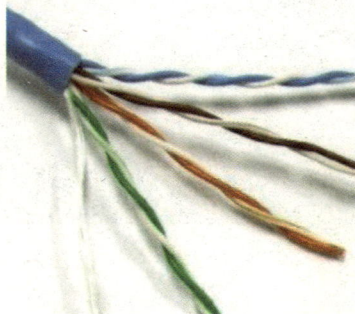

图 8-1-18　非屏蔽双绞线

　　常见的双绞线有三类线、五类线、超五类线和六类线,前者线径小而后者线径大,具体型号如下。

　　(1)一类线(CAT1):线缆最高频率带宽是750kHz,用于报警系统,或只适用于语音传输(一类标准主要用于20世纪80年代之前的电话线缆),不用于数据传输。

　　(2)二类线(CAT2):线缆最高频率带宽是1MHz,用于语音传输和最高传输速率为4Mbps的数据传输,常见于使用4Mbps规范令牌传递协议的旧的令牌网。

　　(3)三类线(CAT3):指在ANSI和EIA/TIA568标准中指定的电缆,该电缆的传输频率为16MHz,最高传输速率为10Mbps(10Mbit/s),主要应用于语音传输、10Mbit/s以太网(10BASE-T)和4Mbit/s令牌环。最大网段长度为100m,采用RJ形式的连接器,现已淡出市场。

　　(4)四类线(CAT4):该类电缆的传输频率为20MHz,用于语音传输和最高传输速率为16Mbps(指的是16Mbit/s令牌环)的数据传输,主要用于基于令牌的局域网和10BASE-T/100BASE-T。最大网段长为100m,采用RJ形式的连接器,未被广泛采用。

　　(5)五类线(CAT5):该类电缆增加了绕线密度,外套一种高质量的绝缘材料,线缆最高频率带宽为100MHz,最高传输速率为100Mbps,用于语音传输和最高传输速率为100Mbps的数据传输,主要用于100BASE-T和1000BASE-T网络。最大网段长为100m,采用RJ形式的连接器。这是最常用的以太网电缆。在双绞线电缆内,不同线对具有不同的绞距长度。通常,4对双绞线绞距周期在38.1mm长度内,按逆时针方向扭绞,相临线对的绞距长度在12.7mm以内。

　　(6)超五类线(CAT5e):超五类线具有衰减小、串扰少、衰减与串扰的比值(ACR)和信噪比(SNR)更高、时延误差更小、性能大大提高等特点。超五类线主要用于千兆位以太网(1000Mbps)。

　　(7)六类线(CAT6):该类电缆的传输频率为1—250MHz,六类布线系统在200MHz时综合衰减串扰比(PS-ACR)应该有较大的余量,它提供2倍于超五类的带宽。六类布线的传输性能远远高于超五类标准,最适用于传输速率高于1Gbps的应用。六类与超五类的一个重要不同点在于:改善了在串扰以及回波损耗方面的性能,对于新一代全双工的高速网络应用而言,优良的回波损耗性能是极其重要的。六类标准中取消了基本链路模型,布线标准采用星形的拓扑结构,要求的布线距离为:永久链路的长度不能超过90m,信道长度不能超过100m。

　　(8)超六类线(CAT6A):此类产品传输带宽介于六类和七类之间,传输频率为500MHz,传输速度为10Gbps,标准外径为6mm。和七类产品一样,国家还没有出台正式的检测标准,只是行业中有此类产品,各厂家宣布一个测试值。

（9）七类线（CAT7）：传输频率为600MHz，传输速度为10Gbps，单线标准外径为8mm，多芯线标准外径为6mm。

类型数字越大、版本越新，技术越先进、带宽越宽，当然价格也越贵。不同类型的双绞线标注方法规定：如果是标准类型，则按CATx方式标注，如常用的五类线和六类线在线的外皮上标注为CAT5、CAT6；如果是改进版，则按CATxe方式标注，如超五类线标注为5e。

无论是哪一种线，衰减都随频率的升高而增大。在设计布线时，要考虑到受到衰减的信号还应当有足够大的振幅，以便在有噪声干扰的条件下能够在接收端正确地被检测出来。双绞线能够传送多高速率（Mb/s）的数据，还与数字信号的编码方法有很大关系。五类双绞线如图8-1-19所示。六类双绞线如图8-1-20所示。

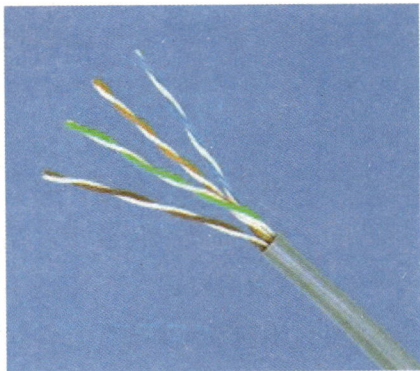

图8-1-19　五类双绞线　　　　图8-1-20　六类双绞线

6. 光纤

光纤是光导纤维的简写，是一种由玻璃或塑料制成的纤维，可作为光传导工具。传输原理是光的全反射。微细的光纤被封装在塑料护套中，使得它能够弯曲而不致断裂。通常，光纤一端的发射装置使用发光二极管（LED）或一束激光将光脉冲传送至光纤，光纤另一端的接收装置使用光敏元件检测脉冲。在日常生活中，由于光在光导纤维中传导的损耗比电在电线中传导的损耗低得多，因此光纤主要用于长距离的信息传递。

通常光纤与光缆两个名词会被混淆。多数光纤在使用前必须由几层保护结构包覆，包覆后的缆线就是光缆。光纤外层的保护层和绝缘层可防止周围环境对光纤的伤害，如水淹、火烧、电击等。光缆分为光纤、缓冲层及披覆。光纤和同轴电缆相似，只是没有网状屏蔽层。中心是光传播的玻璃芯。

在多模光纤中，芯的直径有50μm和62.5μm两种，大致与人的头发粗细相当。而单模光纤中，芯的直径为8—10μm。芯外面包覆着一层折射率比芯低的玻璃封套，以使光线保持在芯内。封套外面是一层薄的塑料外套，用来保护封套。光纤通常被扎成束，外面有外壳保护。纤芯通常是由石英玻璃制成的横截面积很小的双层同心圆柱体,它质地脆,易断裂,因此需要外加一保护层。

　　石英裸光纤如图8-1-21所示。光纤连接器如图8-1-22所示。光纤跳线如图8-1-23所示。光纤电缆如图8-1-24所示。

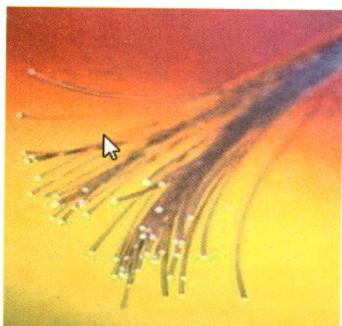

图8-1-21　石英裸光纤外观图

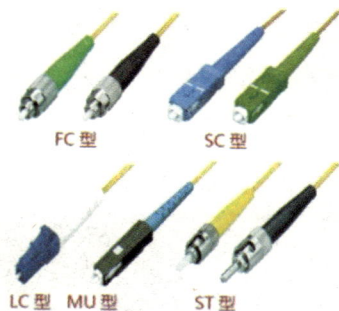

图8-1-22　光纤连接器

图8-1-23　光纤跳线

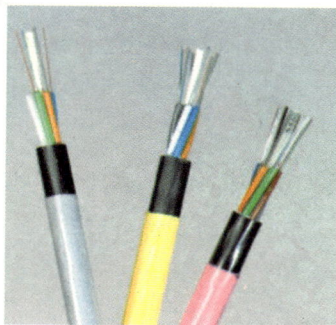

图8-1-24　光纤电缆

第二节　安全防范系统的设备及材料

　　随着人们生活水平的提高和居住环境的改善,人们对住宅小区和大厦安全性的要求也日益迫切。安全性已成为现代建筑质量标准中非常重要的一个方面。加强建筑安全防范设施的建设和管理,提高住宅安全防范功能,是当前城市建设和管理工作中的重要内容。安全防范的定义:做好准备与保护,以应付攻击或避免受害,从而使被保护对象处于没有危险、不受威胁、不出事故的安全状态。安全防范技术属于预防性安全技术,可以理解为对预防身体、生命及贵重物品遭受伤害或损失有帮助的若干技术措施。这些技术措施包括防盗报警、出入口控制(即门禁控制)、电视监控、访客对讲、电子巡更、汽车场车辆管理等。

一、安全防范系统主要设备介绍

1. 报警主机

报警系统是用物理方法或电子技术,自动探测发生在布防监测区域内的侵入行为,产生报警信号,并提示值班人员发生报警的区域部位,显示可能采取的对策的系统。报警主机是预防抢劫、盗窃等意外事件发生的重要设施。无线大型报警主机如图8-2-1所示。小型报警主机如图8-2-2所示。

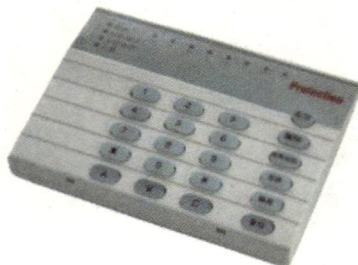

图8-2-1　无线大型报警主机　　　图8-2-2　小型报警主机

2. 探测器

防盗报警探测器由前端探测器、中间传输部分和报警主机组成。大型的报警系统可将探测器和报警主机看作前端部分,从报警主机到接警机看作传输部分,中心接警机和电脑部分看作后端部分。

探测器按照探测原理和工作方式,可以分为红外、微波、红外微波复合、振动、烟感、气感、玻璃破碎、超声波等探测器。其中,红外探测器还可分为主动红外探测器和被动红外探测器;烟感探测器还可分为离子式探测器和光电式探测器。

(1)主动红外探测器。由红外发射器和红外接收器组成。红外发射器发射一束或多束经调制过的红外光线投向红外接收器。发射器与接收器之间没有遮挡物时,探测器不会报警;有物体遮挡时,接收器输出信号发生变化,探测器报警。主动红外探测器如图8-2-3所示。

图8-2-3　主动红外探测器

（2）被动红外探测器。其有两个关键性元件，一个是菲涅尔透镜，另一个是热释电传感器。自然界中任何高于绝对温度的物体都会产生红外辐射，不同温度的物体释放的红外能量波长不同。人体有恒定的体温，与周围环境温度存在差别。当人体移动时，这种差别的变化通过菲涅尔透镜被热释电传感器检测到，从而输出报警信号。被动红外探测器如图8-2-4所示。

图8-2-4　被动红外探测器

（3）微波探测器。该探测器应用的是多普勒效应原理。在微波段，当以一种频率发送时，发射出去的微波遇到固定物体时，反射回来的微波频率不变，即$f_发=f_收$，探测器不会发出报警信号；当发射出去的微波遇到移动物体时，反射回来的微波频率就会发生变化，即$f_发≠f_收$，此时微波探测器将发出报警信号。微波探测器如图8-2-5所示。

图8-2-5　微波探测器

（4）震动探测器。该探测器是通过探测入侵者进行各种破坏活动时所产生的震动信号来触发报警的。例如，入侵者在进行凿墙、钻洞、破坏ATM、撬保险柜等破坏活动时，都会引起这些物体的震动，以这些震动信号来触发报警的探测器就称为震动探测器，如图8-2-6所示。

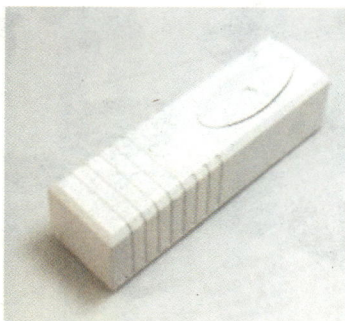

图8-2-6　震动探测器

（5）双鉴探测器。为了克服单一技术探测器的缺陷，通常将两种不同技术原理的探测器整合在一起，只有当两种探测技术的传感器都探测到人体移动时才报警的探测器称为双鉴探测器,如图8-2-7所示。市面上常见的双鉴探测器以微波+被动红外居多。

图8-2-7　红外双鉴探测器

3. 摄像机

监控系统是安防系统中应用最多的系统之一。现在市面上较为适合的工地监控系统是手持式视频通信设备,视频监控现在是主流。从最早的模拟监控到前些年火热的数字监控,再到现在方兴未艾的网络视频监控,监控系统发生了翻天覆地的变化。从技术角度而言,视频监控系统的发展经历了这样一个过程:从第一代模拟视频监控系统(CCTV),到第二代基于"PC+多媒体卡"的数字视频监控系统(DVR),再到第三代完全基于IP技术的网络视频监控系统(IPVS)。各类摄像机如图8-2-8所示。

图8-2-8　各类摄像机图片

4. 硬盘录像机

数字视频录像机,是相对于传统的模拟视频录像机而言的,因其采用硬盘录像,也称为硬盘录像机或DVR,如图8-2-9所示。

图8-2-9 硬盘录像机

二、安全防范系统常用材料

1. 同轴电缆

同轴电缆(Coaxial Cable)以硬铜线为芯,外包一层绝缘材料。这层绝缘材料用密织的网状导体环绕,网外又覆盖一层保护性材料。同轴电缆结构如图8-2-10所示。同轴电缆外观如图8-2-11所示。

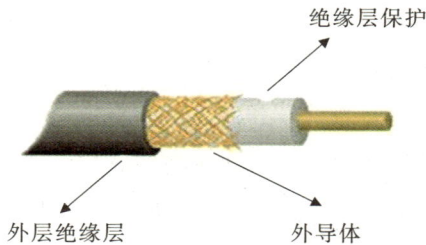

绝缘层保护

外层绝缘层　　外导体

图8-2-10 同轴电缆结构

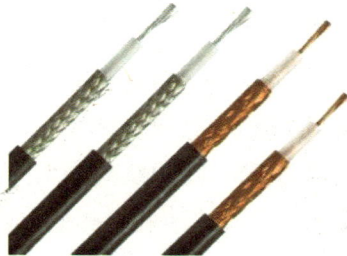

图8-2-11 同轴电缆外观

2. 导线

导线,指的是用作电线电缆的材料,工业上也指电线。一般由铜或铝制成,也有用银线制成的(导电、热性好),用来疏导电流或者导热。铜材的导电率高,50℃时的电阻系数:铜为$0.02062\Omega\cdot mm^2/m$,铝为$0.035\Omega\cdot mm^2/m$;载流量相同时,铝线芯截面面积约为铜的1.5倍。采用铜线芯时损耗比较低,铜材的机械性能优于铝材,且延展性好,便于加工和安装。铜材的抗疲劳强度约为铝材的1.7倍。但铝材比重小,在电阻值相同时,铝线芯的质量仅为铜线芯的一半,铝线缆明显较轻。固定敷设用的布电线一般采用铜线。常用导线外观如图8-2-12所示。

导线有以下种类。

(1)按材质分类:聚氯乙烯(PVC)绝缘电线、橡皮绝缘电缆、低烟低卤电缆、低烟无卤电缆、硅橡胶导线、四氟乙烯线等。

(2)按防火要求分类:普通型、阻燃型。

（3）按线芯分类：BV、BVR（单股 0.5mm 左右）、VRV（单根 0.3mm 左右）。

（4）按温度分类：普通 70℃、耐高温 105℃。

（5）按颜色分类：黑线、色线，推荐优先使用黑线。

（6）按电压分类：额定电压值为 300/500V、450/750V、600/1000V、1000V 以上。

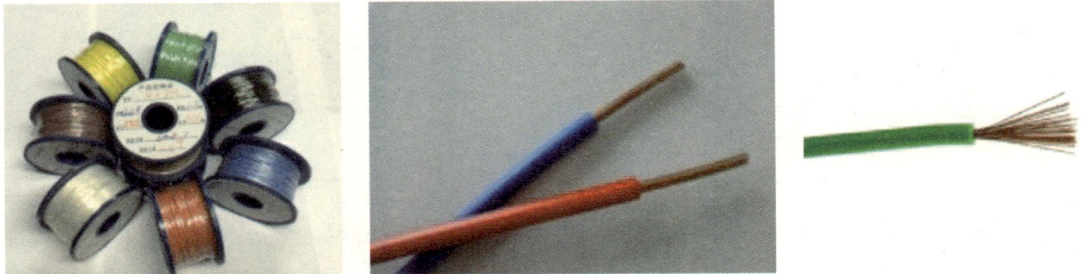

图 8-2-12　常用导线外观图

3. 热缩管

热缩管如图 8-2-13 所示，它是一种特制的聚烯烃材质热收缩套管，也可以叫作 EVA 材质的。外层采用优质柔软的交联聚烯烃材料及内层用热熔胶复合加工而成，外层材料具有绝缘、防蚀、耐磨等特点，内层材料具有熔点低、防水密封性好和黏结性高等优点。生产时把热缩管加热到高弹态，施加载荷使其扩张，在保持扩张的情况下快速冷却，使其进入玻璃态，这种状态就被固定住了。在使用时一经加热，它就会变回高弹态，但这时载荷没有了，它就要收缩。

图 8-2-13　热缩管

4. 号码管

号码管如图 8-2-14 所示，它主要是用来标志电线、电缆的，目的是确保线缆的安全、畅通，使维护线路更加方便；其材质有热缩管、PVC 管、套管等；规格与线缆配套，常见的有

$1.0mm^2$、$1.5mm^2$、$2.5mm^2$等。

图8-2-14　号码管

5. 焊锡丝

焊锡丝如图8-2-15所示,又叫焊锡线、锡线、锡丝。焊锡丝由锡合金和助剂两部分组成,合金成分分为锡铅、无铅助剂均匀灌注到锡合金中间部位。焊锡丝种类不同,助剂也就不同,助剂用来提高焊锡丝在焊接过程中的辅热传导,去除氧化,降低被焊接材质表面张力,去除被焊接材质表面油污,增大焊接面积。焊锡丝的特质是具有一定的长度与直径的锡合金丝,在电子元器件的焊接中可与电烙铁或激光配合使用。

图8-2-15　焊锡丝

6. 扎带

扎带又称扎线带、束线带、锁带,是用来捆扎东西的带子。扎带的种类很多,如配线器材行业将其按日成划分为自锁式扎带、标牌扎带、活扣扎带、防拆(铅封)扎带、固定头扎带、标签扎带、插销式扎带(图8-2-16)、飞机头扎带、珠孔扎带、鱼骨扎带、耐候扎带等;一般按材质可划分为金属轧带(图8-2-17)、尼龙扎带、不锈钢扎带(图8-2-18)、喷塑不锈钢扎带等;按功能可划分为普通扎带、可退式扎带、标牌扎带、固定锁式扎带、插销式扎带、重拉力扎带等。

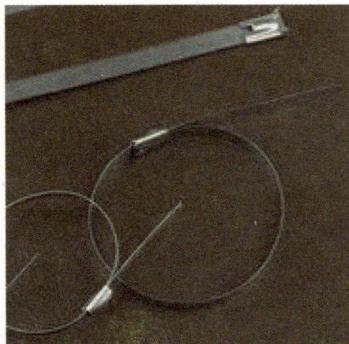

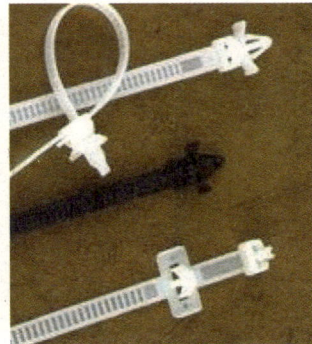

图8-2-16　插销式扎带　　　　图8-2-17　金属扎带　　　　图8-2-18　不锈钢扎带

　　7. 冷压接线端

　　绝缘端子又称冷压端子,电子连接器、空中接头都属于冷压端子。它是用于实现电气连接的一种配件产品,工业上划归于连接器的范畴。随着工业自动化水平的日益提高和工业控制要求的日益严格、精确,接线端子的用量逐渐增加。随着电子行业的发展,接线端子的使用范围越来越广,而且种类越来越多。

　　冷压端子使用主要事项:

　　(1)应充分了解所要操作的冷压端子,熟悉其操作方法,以保证正确操作;对不具备防误操作功能的冷压端子,应采用色码或标记予以标志,或在连接前检查合适型号是否对应,并保证相互连接时正确定位;应特别注意防止带针插座的误插合,否则将损坏冷压端子,并导致意外电接触;应确保冷压端子连接到位,在不易检查的特殊场合,应在相应的操作规程中做出详细的规定,并可通过窥镜进行检查。

　　(2)冷压端子端接时,应严格按照相应的端接规范或要求进行端接和检查,并按对应的节点序号端接。选用的电缆导线间的最大绝缘层厚度应与接触件间距匹配,电缆线芯应与接触件接线端匹配,当接触件间跨、并线处理。

　　(3)焊接时应根据裸线直径来选择相应功率的电烙铁,每个接触件的焊接时间一般不超过5s,应注意不要让焊剂渗入绝缘体,以免造成产品绝缘电阻下降。

　　(4)冷压端子处于分离状态时,应分别装上保护帽或采取其他防尘措施;如果冷压端子连接后长期不分离,可在插头和插座之间打上保险。

　　(5)清洗冷压接线端子时,可使用蘸有无水乙醇(酒精)的绸布擦拭,冷压端子待晾干后方可使用。不允许使用可能对连接器产生有害影响的丙酮等化学溶剂。

　　(6)冷压端子连接或分离时,应尽量使插头和插座的轴心线重合,并且要扶正电缆,避免插头受到切向力的作用,防止电缆下垂导致连接器损坏。

　　(7)冷压端子在未正确连接或完全锁紧前,禁止通电。

（8）在冷压端子的固定、线束的夹紧等场合，使用螺纹连接时应有防松装置（防松螺钉、防松圈、保险丝等）。

（9）验收和检测冷压端子时，应按产品有关标准和使用说明书的要求进行。验收和检验已使用过的电连接器，应在产品有关标准和使用说明书的基础上降低要求进行，使用的工装冷压端子应完好无损，性能合格。探针应符合标准要求，否则易造成插孔损伤。U形冷压端子如图8-2-19所示。圆形冷压端子如图8-2-20所示。

图 8-2-19　U形冷压端子　　　　　　　　　图 8-2-20　圆形冷压端子

本章小结

综合布线系统就是为了顺应发展需求而特别设计的一套布线系统。综合布线机柜是一种用来聚集管理众多信号线的设备。

配线架是管理子系统中最重要的组件，是实现垂直干线和水平布线两个子系统交叉连接的枢纽。

作为综合布线系统的核心产品，110配线架起着灵活转接、灵活分配以及综合统一管理传输信号的作用。

交换机是一种在通信系统中完成信息交换功能的设备。

水晶头是一种标准化的网络接口，提供声音和数据传输的接口。

86盒是一种接线盒的规格，也是在电力装修方面的一个行业标准。

线槽又名走线槽、配线槽、行线槽（因地方而异），是用来将电源线、数据线等线材进行规范的整理，固定在墙上或者天花板上的电工用具。

双绞线是综合布线工程中最常用的一种传输介质，由两根具有绝缘保护层的铜导线组成。

光纤是光导纤维的简写,是一种由玻璃或塑料制成的纤维,可作为光传导工具。

报警系统是用物理方法或电子技术,自动探测发生在布防监测区域内的侵入行为,产生报警信号,并提示值班人员发生报警的区域部位,显示可能采取的对策的系统。

防盗报警探测器由前端探测器、中间传输部分和报警主机组成。

探测器按照探测原理和工作方式,可以分为红外、微波、红外微波复合、振动、烟感、气感、玻璃破碎、超声波等探测器。

监控系统是安防系统中应用最多的系统之一。现在市面上较为适合的工地监控系统是手持式视频通信设备,视频监控现在是主流。

同轴电缆(Coaxial Cable)以硬铜线为芯,外包一层绝缘材料。

导线,指的是用作电线电缆的材料,工业上也指电线。

热缩管是一种特制的聚烯烃材质热收缩套管,也可以叫作EVA材质的。

号码管主要是用来标志电线、电缆的,目的是确保线缆的安全、畅通,使维护线路更加方便;其材质有热缩管、PVC管、套管等;规格与线缆配套,常见的有$1.0mm^2$、$1.5mm^2$、$2.5mm^2$等。

焊锡丝,又叫焊锡线、锡线、锡丝。焊锡丝由锡合金和助剂两部分组成,合金成分分为锡铅、无铅助剂均匀灌注到锡合金中间部位。

扎带又称扎线带、束线带、锁带,是用来捆扎东西的带子。

绝缘端子又称冷压端子,电子连接器、空中接头都属于冷压端子。它是用于实现电气连接的一种配件产品,工业上划归于连接器的范畴。

复习思考题

1. 综合布线系统常用的设备有哪些?

2. 水晶头型号有哪些?分别有什么用途?

3. 冷压端子在使用时应该注意哪些事项?

4. 热缩管的使用原理是什么?

5. 安全防范系统常用到的材料有哪些?

6. 简述网络双绞线的分类及特点。

[1]李东侠.建筑材料[M].北京:北京理工大学出版社,2012.

[2]徐成君.建筑材料[M].北京:高等教育出版社,2013.

[3]李崇智.建筑材料[M].北京:清华大学出版社,2012.

[4]汪绯.建筑材料[M].北京:化学工业出版社,2015.

[5]李乃夫.电梯结构与原理(第二版)[M].北京:机械工业出版社,2019.

[6]黄威.电力电缆选型与敷设[M].北京:化学工业出版社,2017.